TRIGONOMÉTRIE

OUVRAGES DE M. GRÉVY

Arithmétique élémentaire : cl. de 6e et 5e. . . . 12 fr.

Arithmétique et Algèbre, cl. de 4e et 3e, conforme aux nouv. prog. et aux instructions officielles. 13 fr.

Arithmétique : classes de 5e et 4e. . . . 9 fr.

Éléments d'Arithmétique : cl. de 4e A et 3e A. 8 fr.

*Traité d'Arithmétique : cl. de Math. A et B. 10 fr.

Éléments d'Algèbre : cl. de 3e, 2e et 1re A et B. 9 fr.

Algèbre : cl. de 3e, 2e et 1re C et D. 12 fr.

*Traité d'Algèbre : cl. de Math. A et B. 27 fr. 50

Géométrie : cl. de 5e à 3e (prog. de 1902). 13 fr.

Géométrie théorique et pratique.

Géométrie élémentaire : 1er Cycle (cl. de 5e à 3e). 12 fr.

Géométrie plane : cl. de 4e et 3e conforme aux nouveaux prog. et aux instructions officielles. 10 fr.

Éléments de géométrie :

  Tome I : 1er Cycle A (cl. de 4e A et 3e A). 9 fr.

  Tome II : 2e Cycle A et B (cl. de 2e et 1re A et B). 6 fr.

*Géométrie plane : cl. de 2e C et D. 12 fr.

*Géométrie dans l'espace : cl. de 1re C et D.

*Compléments de Géométrie : cl. de Math. A et B.

Leçons de Géométrie à l'usage de l'Enseignement secondaire des jeunes filles. Cl. de 4e et 3e.

Trigonométrie : cl. de 1re C et D et Math. A et B.

TRIGONOMÉTRIE

À L'USAGE DES ÉLÈVES

DES CLASSES DE

PREMIÈRE C et D et de MATHÉMATIQUES A et B

PAR

A. GRÉVY

Professeur au Lycée Saint-Louis.

DOUZIÈME ÉDITION

PARIS

LIBRAIRIE VUIBERT

BOULEVARD SAINT-GERMAIN, 63

1926

PROGRAMME OFFICIEL

Classes de Première C. et D.

Fonctions circulaires (sinus, cosinus, tangente et cotangente). Relations entre les fonctions circulaires d'un même arc. Calcul des fonctions circulaires de quelques arcs : $\frac{\pi}{4}$, $\frac{\pi}{3}$, etc.

Théorie des projections.

Formules d'addition pour le sinus, le cosinus et la tangente.

Expressions de $\sin 2a$, $\cos 2a$, $\operatorname{tg} 2a$.

Toutes les fonctions circulaires de l'arc a s'expriment rationnellement en fonction de $\operatorname{tg} \frac{a}{2}$.

Connaissant $\cos a = b$, trouver les valeurs du sin et du cos des arcs $\frac{a}{2}$; choix des valeurs correspondantes à un arc a donné.

Connaissant $\operatorname{tg} a$, trouver les valeurs des tg des arcs $\frac{a}{2}$; choix de la valeur correspondante à un arc a donné.

Transformer en produit la somme ou la différence de deux fonctions circulaires, sinus, cosinus ou tangentes. Problème inverse.

Usage des tables de logarithmes à quatre ou à cinq décimales.

Résolution des triangles rectangles.

Résolution ou discussion de quelques équations trigonométriques simples.

Relations entre les côtés et les angles d'un triangle. (On ne s'occupera pas de l'équivalence des systèmes.)

Classes de Mathématiques A et B.

Fonctions circulaires. Addition et soustraction des arcs. Multiplication et division par 2.

Résolution des triangles.

Applications de la trigonométrie aux diverses questions relatives au levé des plans [1].

---

[1] On ne parlera pas de la construction des tables trigonométriques.

TRIGONOMÉTRIE

PREMIÈRE PARTIE

LIVRE I

CHAPITRE I

ANGLES ET ARCS

Arcs.

1. Arcs dirigés. — Si l'on prend deux points A et B un cercle (*fig.* 1), un mobile peut décrire le cercle en partant de A pour arriver en B de plusieurs manières: il peut se dé- placer dans les sens de la flèche et décrire plusieurs fois la circonfé- rence, puis l'arc géométrique AB; il peut encore se déplacer en sens inverse de la flèche et parvenir en B après avoir décrit plusieurs fois la circonférence. Les différents chemins ... par le mobile sont appelés des *arcs dirigés*; A en ... origine, B l'extrémité.

Etant donnés l'origine d'un arc, son sens de parcours et sa longueur, l'arc est entièrement déterminé ; si on retranche de sa longueur autant de fois que possible la longueur d'une circonférence, on obtient un arc inférieur à une circonférence et un mobile partant de A dans un sens connu devra s'arrêter en un point B, bien déterminé, après avoir décrit cet arc : *à un arc correspond donc une extrémité B unique, si l'origine A est donnée.*

La réciproque n'est pas exacte ; si l'on se donne sur un cercle deux points A et B, *il y a une double infinité d'arcs dirigés qui leur correspondent :* les uns sont formés de l'arc géométrique AB décrit dans le sens de la flèche augmenté d'un nombre entier de circonférences, les autres sont formés de l'arc géométrique AB décrit en sens inverse de la flèche augmenté d'un nombre entier de circonférences ; les deux arcs géométriques AB ont pour somme une circonférence.

2. Cercle orienté. — On dit qu'un cercle est *orienté* si l'on a choisi sur ce cercle un sens de parcours déterminé : tous les arcs décrits dans ce sens sont dits *positifs*, les arcs décrits en sens inverse sont dits *négatifs*.

Nous représenterons un arc positif par un nombre positif et un arc négatif par un nombre négatif, la valeur absolue de ces nombres mesurant la longueur de l'arc avec l'unité de longueur choisie pour les arcs géométriques.

Si l'on connaît l'origine d'un arc et sa mesure, on voit que cet arc est entièrement déterminé, puisque l'on connaît sa longueur et le sens dans lequel il est parcouru ; réciproquement, à un arc donné correspond un seul nombre positif ou négatif qui le mesure.

3. Soient maintenant deux points A et B d'un cercle et α le nombre positif qui mesure le plus petit arc positif AB; un arc positif quelconque d'origine A et d'extrémité B sera décrit par un mobile qui parcourt plusieurs fois le cercle dans le sens positif, arrive en A et décrit ensuite l'arc α; cet arc aura pour longueur $\alpha + nC$, C étant la longueur d'une circonférence et n un entier positif; il sera donc mesuré par le nombre positif

$$\alpha + nC.$$

Considérons maintenant l'arc négatif AB dont la longueur est inférieure à une circonférence; sa longueur est $C - \alpha$ et la longueur d'un arc négatif AB quelconque est $C - \alpha + n'C$, n' étant un entier positif; cet arc étant négatif sera représenté par le nombre négatif

$$-[-\alpha + (n' + 1)C] \qquad \text{ou} \qquad \alpha + n''C,$$

n'' étant un entier négatif.

En résumé, α étant la mesure du plus petit arc positif AB, tous les arcs AB, positifs ou négatifs, sont représentés par $\alpha + nC$ où n est un entier positif ou négatif; et réciproquement, tous les arcs de même origine représentés par cette expression ont même extrémité.

On peut aller plus loin et établir que ce résultat est applicable au cas où α est un quelconque des arcs AB; désignons, en effet, par α' le plus petit arc positif AB et soient β et α les mesures de deux arcs AB; on a

$$\beta = \alpha' + nC, \qquad \alpha = \alpha' + n'C,$$
$$\beta = \alpha + (n - n')C,$$

formule identique à celle qui a été trouvée dans l'hypothèse que α était le plus petit arc AB; le coefficient n est un entier positif, négatif ou nul.

Réciproquement, si les mesures β et α de deux arcs qui ont même origine sont liées par la relation

$$\beta = \alpha + pC,$$

p étant un entier positif ou négatif, ces arcs ont même extrémité; en effet, on peut trouver un entier positif ou négatif p' tel que, α' étant un nombre positif inférieur à C, on ait

$$\alpha = \alpha' + p'C;$$

on en déduit

$$\beta = \alpha' + (p + p')C.$$

Ces relations montrent que les deux arcs α et β ont même extrémité que l'arc géométrique α'.

4. Unité d'arc. — Les relations qui précèdent ne supposent rien sur la mesure des arcs; il nous reste à montrer quelles formes particulières elles prennent, quand on fait choix d'une unité d'arc.

On peut prendre pour unité d'arc (¹) l'arc dont la longueur est égale au rayon, ou ce qui revient au même, l'arc de longueur 1 en prenant le rayon du cercle pour unité de longueur; c'est ce que nous ferons dans toutes les questions théoriques.

La relation

$$\beta = \alpha + pC$$

contient un entier p indépendant du choix de l'unité, et des nombres β, α, C qui en dépendent; C est le nombre 2π, ou 2π, de telle sorte que α et β étant les mesures des arcs dans ce système d'unité, on a

$$\beta = \alpha + 2p\pi;$$

dans la pratique, on prend le plus souvent pour unité

<hr>

(¹) Il n'est question ici que d'arcs de cercles de même rayon.

d'arc l'arc de 1°, qui est la 360° partie de la circonférence; dans ce système, C est le nombre 360 et la relation précédente devient

$$\beta = \alpha + p.360,$$

β et α étant exprimés en degrés, minutes et secondes.

Enfin, on adopte aujourd'hui de plus en plus une unité indiquée par *Borda*, le *grade*, qui est la 400° partie de la circonférence, le grade se subdivisant suivant la loi décimale; on désigne quelquefois par le mot *minute centésimale* la centième partie du grade.

Si α et β sont les mesures de deux arcs ayant même origine et même extrémité, on a, dans ce système,

$$\beta = \alpha + p.400.$$

La lettre γ placée en exposant et l'accent ' désignent le grade et la minute centésimale.

5. Changement d'unité. — Le problème à résoudre est le suivant : *connaissant la mesure d'un arc dans un système, trouver sa mesure dans un autre système.*

Nous avons vu que tout arc peut être mesuré par une expression de la forme

$$\alpha + nC,$$

C désignant la mesure de la circonférence dans le système choisi, n étant un entier positif ou négatif indépendant de l'unité d'arc; de telle sorte que si deux arcs ont mêmes extrémités et sont mesurés respectivement par α, α', α'' et β, β', β'' quand on prend pour unités respectives l'arc de longueur égale au rayon, l'arc de 1° et l'arc de 1ʳ, on a

$$\beta = \alpha + 2n\pi,$$
$$\beta' = \alpha' + n.360,$$
$$\beta'' = \alpha'' + n.400.$$

on peut d'ailleurs supposer que l'arc α est un arc géométrique.

Le problème du passage d'un système à l'autre sera résolu pour un arc quelconque s'il l'est pour un arc géométrique : connaissant α' et α'' en fonction de α, on connaîtra en effet β' et β' en fonction de β ; nous allons traiter les différents cas qui peuvent se présenter.

Problème I. — Évaluer en degrés, minutes et secondes, un arc mesuré en prenant pour unité l'arc de longueur égale au rayon.

Soit à évaluer en degrés, minutes et secondes l'arc $\dfrac{5\pi}{7}$.

Un arc de longueur π équivaut à 180° ;

L'arc de longueur $\dfrac{\pi}{7}$ équivaut à $\dfrac{180}{7}$;

L'arc de longueur $\dfrac{5\pi}{7}$ équivaut à $180 \times \dfrac{5}{7}$.

Il reste à calculer en degrés, minutes et secondes le nombre $\dfrac{5}{7} \cdot 180°$ ou $\dfrac{900°}{7}$.

Le quotient entier est 128° et le reste 4° ; 4° équivalent à $60' \times 4 = 240'$, dont le quotient par 7 est 34' et le reste 2' ;

2' équivalent à 120", dont le quotient par 7 est

$$17" + \frac{1}{7}.$$

La mesure de l'arc est

$$128°\,34'\,17"\,\frac{1}{7}.$$

Problème II. — *Quelle est la mesure, en prenant pour unité l'arc de longueur égale au rayon, de l'arc de 18° 15' 17" 5 ?*

Commençons par réduire le tout en secondes :

$$15' = 15 \times 60'' = 900'',$$

$$18° = 18 \times 60 \times 60'' = 64\,800''.$$

Le nombre total de secondes de cet arc est

$$64\,800 + 900 + 17,5 = 65\,717'',5.$$

La demi-circonférence est mesurée par π dans le nouveau système et correspond à $180 \times 60 \times 60'' = 648\,000''$.

L'arc de $648\,000''$ a pour longueur π (*) ;

$$\text{L'arc de} \quad 1'' \quad = \quad \frac{\pi}{648\,000} ;$$

$$\text{L'arc de } 65\,717'',5 \quad = \quad \frac{\pi \times 65\,717,5}{648\,000} = 0,3184.$$

Problème III. — *Un arc est mesuré par 145ᵍ,5674 ; trouver sa mesure en degrés, minutes, secondes.*

100 grades équivalent à 90 degrés ;

$$1 \text{ grade équivaut à } \frac{90}{100} \text{ degrés} ;$$

$$145ᵍ,5674 \text{ équivalent à } \frac{90}{100} \times 145,5674.$$

Il reste à évaluer en degrés, minutes et secondes la fraction de degrés

$$\frac{9 \times 145,5674}{10} = 131,01066.$$

Nous avons déjà 131° et 0°,01066 ou

$$0,01066 \times 60' = 0',6396,$$

ou

$$0,6396 \times 60'' = 38'',376.$$

Le nombre cherché est

$$131°\,0'38'',376.$$

6. Problème général. — Les exemples qui précèdent suffisent à montrer comment on peut dans chaque cas particulier passer d'un système à un autre ; nous allons résumer ces résultats dans une formule générale.

On sait (*) que le rapport de deux grandeurs est égal au quotient des nombres qui les mesurent avec une même unité ; il en résulte que si l'on change d'unité, les nombres qui mesurent les deux grandeurs varient, mais leur quotient est constant.

Soient alors α, α' α'' les mesures d'un arc AB quand on prend pour unité d'arc l'arc de longueur égale au rayon, l'arc de 1 degré, l'arc de 1 grade ; la demi-circonférence a pour mesures respectives π, 180 et 200.

On a donc

$$\frac{\alpha}{\pi} = \frac{\alpha'}{180} = \frac{\alpha''}{200}.$$

Si donc on connaît l'un des nombres α, α', α'' les deux autres sont connus ; le calcul de α en fonction de α'' ou le calcul inverse est un calcul de nombres décimaux ; si on considère le nombre α', il s'introduit une légère difficulté qui tient à ce que α' est un nombre complexe.

Remarque. — Ces relations ne sont pas applicables aux

(*) *Arithmétique*, 197.

lement aux arcs géométriques, mais à tous les arcs ; nous avons vu, en effet, que si β, β', β'' sont les mesures d'un même arc dans les trois systèmes, on a, en appelant α, α', α'' les mesures de l'arc géométrique correspondant,

$$\beta = \alpha + 2n\pi,$$

$$\beta' = \alpha' + 2n.180,$$

$$\beta'' = \alpha'' + 2n.200 ;$$

il en résulte les relations

$$\frac{\beta}{\pi} = \frac{\beta'}{180} = \frac{\beta''}{200}.$$

7. Somme de deux arcs. — Les arcs dirigés sont des chemins parcourus dans des sens déterminés ; ce sont, en quelque sorte, des vecteurs circulaires ; il est naturel de définir leur addition de façon analogue à ce qui a été fait pour les vecteurs en algèbre.

1° Si les deux arcs ont même sens, la somme sera un arc de même sens ayant pour longueur la somme des longueurs des deux arcs ; c'est-à-dire que si un mobile décrit le premier arc, puis le second, il aura parcouru un arc qui sera la somme des deux arcs donnés.

2° Supposons les deux arcs de sens différents, le premier ayant la plus grande longueur ; un mobile décrit ce premier arc, puis parvenu à l'extrémité, il revient sur ses pas en parcourant le second arc ; le chemin qu'il décrit annule en quelque sorte le chemin parcouru primitivement et il est naturel de dire que le mobile est dans la même situation que s'il avait décrit seulement dans le sens du premier arc un chemin égal à la différence des longueurs des deux arcs ; nous l'appellerons somme des deux arcs.

3° Supposons les deux arcs de sens différents, le premier ayant la plus petite longueur ; un mobile décrit ce premier arc, revient sur ses pas en parcourant le second arc ; le chemin qu'il parcourt alors sert en partie à annuler le chemin décrit primitivement et le mobile est dans la même situation que s'il avait simplement parcouru dans le sens du second arc un chemin égal à la différence des longueurs des deux arcs ; ce sera encore la somme des deux arcs.

REMARQUE I. — De cette notion de la somme de deux arcs dirigés, il résulte que *le nombre qui mesure la somme de deux arcs dirigés est la somme des nombres qui mesurent ces arcs*.

Il suffit de répéter le raisonnement fait en Algèbre (19) au sujet des vecteurs.

REMARQUE II. — La somme de plusieurs arcs dirigés sera l'arc obtenu en ajoutant les deux premiers, puis ajoutant à l'arc ainsi formé le troisième, et ainsi de suite.

On voit encore ici comme en Algèbre (20) que *le nombre qui mesure la somme de plusieurs arcs est la somme des nombres qui mesurent ces arcs*.

8. Relation de Chasles. — Considérons sur un cercle orienté plusieurs points A, B, C, ..., K, L (*fig.* 2) et considérons des arcs *bien déterminés* ayant pour origines et pour extrémités respectives A, B, ..., K et B, C, ..., K, L, soient β, γ, ..., λ les nombres qui mesurent ces arcs. Imaginons un mobile qui décrit le premier arc β ; il part de A, se meut dans un certain sens et arrive en B après avoir parcouru un nombre déterminé de circonférences ;

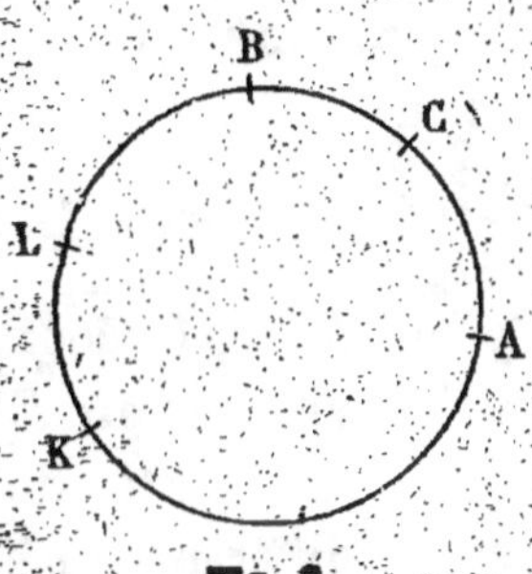

Fig. 1.

faisons-lui décrire l'arc γ en partant de B pour arriver en C, et ainsi de suite, jusqu'à ce que ce mobile ait décrit le dernier arc λ qui va de K en L. On a ainsi formé la somme de ces arcs partiels et on a obtenu un des arcs ayant pour origine A et pour extrémité L ; soit α sa mesure ; d'après ce que nous savons sur la somme des arcs, on peut écrire

$$\alpha = \beta + \gamma + \cdots + \lambda.$$

Ceci posé, désignons (*) par $\widehat{AB}$, $\widehat{BC}$, ..., $\widehat{KL}$, $\widehat{AL}$ les mesures d'arcs quelconques ayant mêmes origines et mêmes extrémités que les arcs β, γ, ..., λ, α; on a

$$\widehat{AB} = \beta + 2k\pi,$$
$$\widehat{BC} = \gamma + 2k'\pi,$$
$$\cdots\cdots\cdots\cdots\cdots\cdots$$
$$\widehat{KL} = \lambda + 2k''\pi,$$
$$\widehat{AL} = \alpha + 2p\pi,$$

et la relation trouvée précédemment devient

$$\widehat{AL} - 2p\pi = \widehat{AB} - 2k\pi + \cdots + \widehat{KL} - 2k''\pi,$$

ou

$$\widehat{AL} = \widehat{AB} + \widehat{BC} + \cdots + \widehat{KL} + 2n\pi,$$

n étant un entier positif ou négatif.

Cette relation est tout à fait analogue à la relation entre

(*) Nous désignerons dorénavant par la notation $\widehat{AB}$ la mesure d'un arc d'origine A et d'extrémité B.

points en ligne droite ; elle n'en diffère que par le terme $2n\pi$.

On peut remarquer que si on considère les arcs $\overset{\frown}{AL}$ et $\overset{\frown}{LA}$ leur somme est un multiple de 2π ; on peut donc écrire la relation précédente sous la forme

$$2n'\pi = \overset{\frown}{AB} + \overset{\frown}{BC} + \cdots + \overset{\frown}{KL} + \overset{\frown}{LA}.$$

9. Différence de deux arcs. — Soient A et B deux arcs dirigés ; on appelle différence entre ces arcs, un arc C tel que A soit la somme de B et C ; il est manifeste que cet arc existe et que sa mesure est la différence des mesures des arcs A et B.

Il en résulte que l'on peut obtenir l'arc C en ajoutant à l'arc A un arc de même longueur que B, mais de sens opposé ; nous appellerons cet arc l'arc *opposé* à B ; la somme d'un arc et de l'arc opposé est nulle.

Arcs ayant même origine.

10. Arcs opposés. — *Deux arcs opposés qui ont même origine ont leurs extrémités symétriques par rapport au diamètre qui passe par l'origine.*

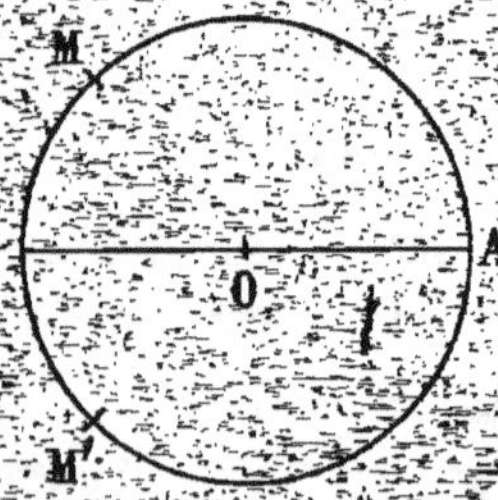

Soit A l'origine commune des deux arcs ; ces arcs étant opposés ont même longueur ; ils sont donc formés d'un même nombre de circonférences augmenté de deux arcs géométriques égaux. Un mobile décrit le premier dans le sens positif ; il parcourt plusieurs fois la circonférence, revient en A (*fig.* 3) et parcourt enfin l'arc géométrique AM; un second mobile décrit le second arc dans le sens négatif, parcourt la circonférence le même nombre de fois que le premier mobile, revient en A et parcourt enfin un arc géométrique AM' de même longueur que AM; A est donc le milieu de l'arc MAM', c'est-à-dire que les points M et M' sont symétriques par rapport au diamètre qui passe par A.

Proposition inverse. — *Si deux arcs ont même origine et leurs extrémités symétriques par rapport au diamètre qui passe par l'origine, leur somme est un nombre entier de circonférences.*

Soient M et M' les extrémités de ces arcs; les arcs terminés en M et en M' ont respectivement pour mesures

$$\alpha + 2p\pi \qquad \text{et} \qquad \alpha' + 2p'\pi,$$

α et α' étant deux arcs quelconques AM et AM'; or d'après la proposition directe, si α est un arc AM, $-\alpha$ est un arc AM'; on peut donc prendre pour α' la valeur $-\alpha$ et on a

$$\overset{\frown}{AM} = \alpha + 2p\pi,$$
$$\overset{\frown}{AM'} = -\alpha + 2p'\pi,$$
$$\overset{\frown}{AM} + \overset{\frown}{AM'} = 2(p + p')\pi.$$

11. Arcs dont la différence est π. — *Si deux arcs ont même origine, et diffèrent d'une demi-circonférence, leurs extrémités sont diamétralement opposées.*

Supposons qu'un mobile parcourt le premier arc AM (*fig.* 4), et qu'après avoir décrit plusieurs fois la circonférence, il arrive en M; s'il décrit ensuite dans le même sens une demi-circonférence, il achève de parcourir le second arc dont l'extrémité est, par suite, en M' diamétralement opposé à M.

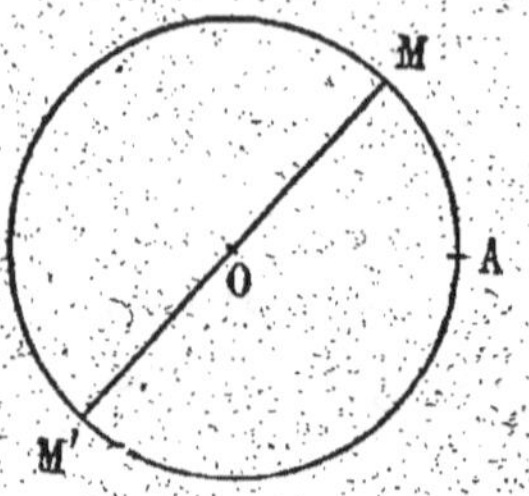

Fig. 4.

Proposition inverse. — *Si deux arcs ont même origine et des extrémités diamétralement opposées, leur différence est un multiple impair de* π.

Soit α un des arcs AM; d'après la proposition directe, $\pi + \alpha$ est un arc AM'; on a donc

$$\widehat{AM} = \alpha + 2p\pi,$$
$$\widehat{AM'} = \pi + \alpha + 2p'\pi,$$
$$\widehat{AM'} - \widehat{AM} = [2(p' - p) + 1]\pi.$$

12. Arcs supplémentaires. — On appelle *arcs supplémentaires* deux arcs dont la somme est une demi-circonférence.

Théorème. — *Si deux arcs supplémentaires ont même origine, leurs extrémités sont sur une parallèle au diamètre qui passe par l'origine.*

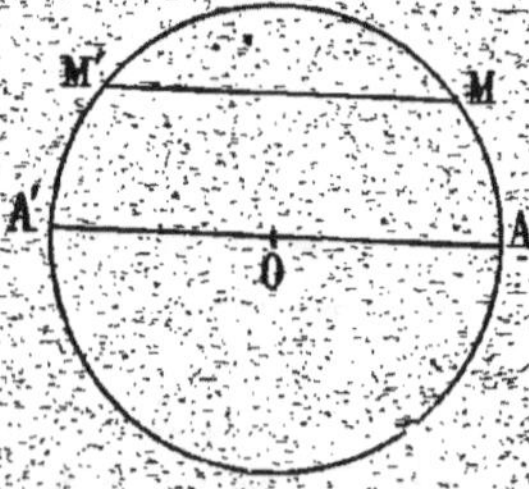

Fig. 5.

Soit α le premier arc, l'autre sera $\pi - \alpha$; pour le décrire, on peut décrire successivement l'arc π et l'arc $-\alpha$. Décrivant l'arc π (*fig. 5*), on part de A pour arriver en A', point diamétralement opposé à A. Nous pouvons maintenant imaginer deux mobiles partant l'un de A, l'autre de

A′, se déplaçant en sens inverse l'un de l'autre et décrivant des arcs égaux pendant le même temps ; ils seront alors toujours d'un même côté de AA′ et à des hauteurs égales, c'est-à-dire que leurs positions simultanées seront sur une parallèle à AA′ ; or, lorsque le premier aura parcouru α, le second aura parcouru $-\alpha$ à partir de A′ ou, ce qui revient au même, $\pi - \alpha$ à partir de A ; les extrémités M et M′ des deux arcs α et $\pi - \alpha$ auxquelles les mobiles parviennent simultanément sont donc sur une parallèle à AA′.

Proposition inverse. — *Si deux arcs ont même origine et leurs extrémités sur une parallèle au diamètre qui passe par l'origine, leur somme est un multiple impair de* π.

Soit α(*) un des arcs AM ; d'après la proposition directe, $\pi - \alpha$ est un arc AM′ ; on a donc

$$\widehat{AM} = \alpha + 2p\pi,$$
$$\widehat{AM'} = \pi - \alpha + 2p'\pi,$$
$$\widehat{AM} + \widehat{AM'} = [2(p + p') + 1]\pi.$$

13. Arcs complémentaires. — On appelle *arcs complémentaires* deux arcs dont la somme est un quadrant.

Théorème. — *Si deux arcs complémentaires ont même origine, leurs extrémités sont symétriques par rapport à la bissectrice du premier ou du troisième quadrant.*

Soit α le premier arc, l'autre sera $\dfrac{\pi}{2} - \alpha$; pour le dé-

____

(*) α est positif si M est au-dessus de AA′, négatif dans le cas contraire.

crire, on peut décrire successivement l'arc $\dfrac{\pi}{2}$ et l'arc $-\alpha$.

Décrivant l'arc $\dfrac{\pi}{2}$ (*fig.* 6), on part de A pour arriver en B, extrémité du premier quadrant. Nous pouvons maintenant imaginer deux mobiles partant l'un de A, l'autre de B, se déplaçant en sens inverse l'un de l'autre et décrivant des arcs égaux pendant le même temps ; ils seront toujours de part et d'autre de la bissectrice XX' et à des distances de A et B respectivement égales ; c'est-

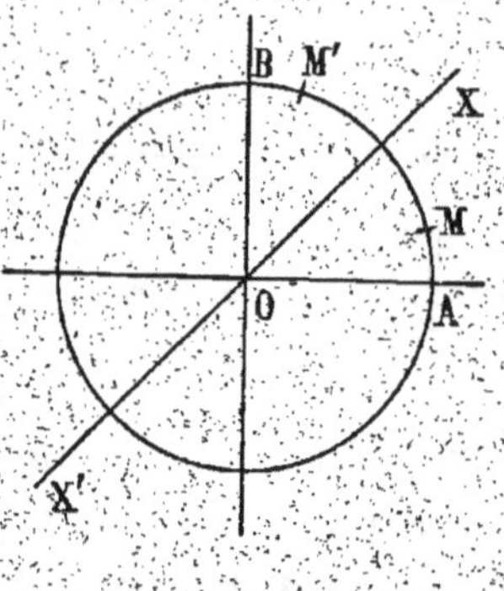

Fig. 6.

à-dire que les cordes AB et MM', qui joignent les positions initiales et les positions à un instant quelconque, sont parallèles. M et M' sont donc symétriques par rapport à la bissectrice XX' ; cela aura lieu en particulier quand les deux mobiles auront décrit les arcs complets, que ces arcs soient géométriques ou non.

Proposition inverse. — *Si deux arcs ont même origine et leurs extrémités symétriques par rapport à la bissectrice du premier quadrant, leur somme est un multiple impair de* $\dfrac{\pi}{2}$*, de la forme* $(4k+1)\dfrac{\pi}{2}$.

Soient $\widehat{AM}$ et $\widehat{AM'}$ les deux arcs considérés ; si l'on désigne par α un arc AM, l'arc $\dfrac{\pi}{2}-\alpha$ est, d'après la proposition directe, un arc AM' ; on a donc

$$\widehat{AM} = \alpha + 2p\pi.$$

$$\widehat{AM'} = \frac{\pi}{2} - a + 2p'\pi,$$

$$\widehat{AM} + \widehat{AM'} = 2(p + p')\pi + \frac{\pi}{2}$$

$$= [4(p + p') + 1]\frac{\pi}{2}.$$

14. Résumé. — Les relations qui précèdent sont très importantes et on doit les savoir par cœur ; nous les réunissons dans le tableau suivant :

$\widehat{AM} - \widehat{AM'} = 2k\pi$ M et M' coïncident.

$\widehat{AM} + \widehat{AM'} = 2k\pi$ M et M' symétriques par rapport à AA' ou sur une parallèle à BB'.

$\widehat{AM} - \widehat{AM'} = (2k + 1)\pi$ M et M' symétriques par rapport au centre.

$\widehat{AM} + \widehat{AM'} = (2k + 1)\pi$ M et M' symétriques par rapport à BB' ou sur une parallèle à AA'.

$\widehat{AM} + \widehat{AM'} = (4k + 1)\frac{\pi}{2}$ M et M' symétriques par rapport à la bissectrice du premier et du troisième quadrant.

Angles.

15. Définition. — Considérons une demi-droite fixe Ox

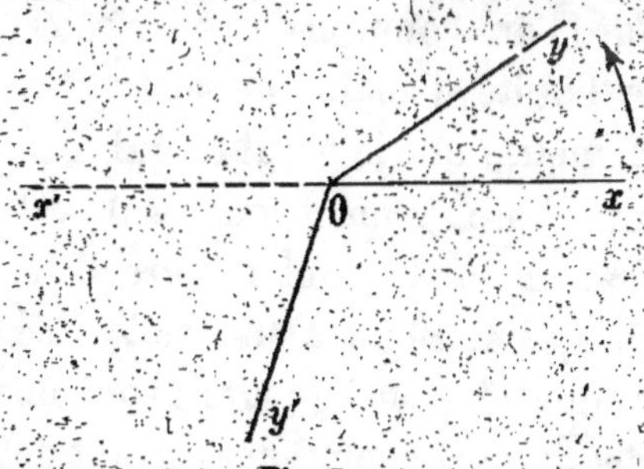

(*fig.* 7), et une demi-droite variable Oy qui tourne autour du point O dans un certain sens; tant que la demi-droite Oy ne dépasse pas la position Ox', l'angle xOy est défini par la géométrie. Imaginons que Oy continue à se mouvoir et vienne en Oy' ; nous dirons encore que Oy a décrit à partir de Ox un angle et, par définition, sa mesure sera la somme des nombres qui mesurent l'angle égal à 2 droits formé par Ox et Ox' et l'angle géométrique $x'Oy'$; on parvient ainsi à définir un angle inférieur à 4 droits et supérieur à 2 droits. Imaginons maintenant que le mouvement de Oy continue et que la droite revienne dans sa première position ; pour rappeler qu'elle a effectué un tour complet augmenté de l'angle xOy, nous dirons qu'elle a décrit un angle mesuré par $4\ droits + xOy$.

D'une façon générale, si une droite effectue plusieurs tours complets, puis vient en Oy, nous dirons qu'elle a décrit des angles mesurés par $4\ droits + xOy$, $8\ droits + xOy$, etc.

La notion d'angle est ainsi généralisée comme la notion d'arc, et il est facile de voir que cette généralisation laisse subsister la relation entre les mesures des arcs et des angles au centre.

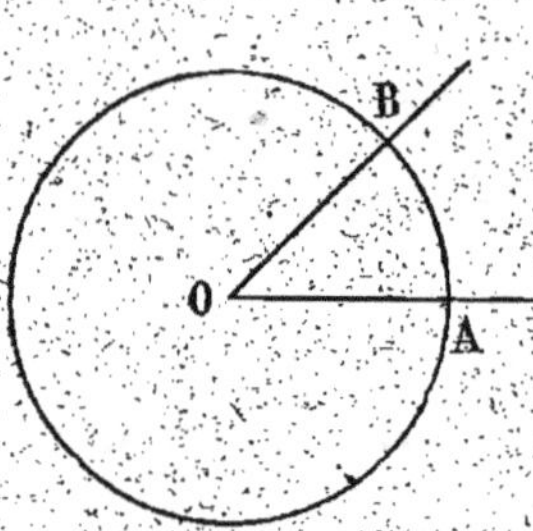

Fig. 8.

Soient OA et OB deux demi-droites (*fig.* 8) et un cercle de centre O ; si on prend pour unité d'arc l'arc compris entre les côtés de l'unité d'angle, on sait par la géométrie que le nombre qui mesure l'arc géométrique AB est égal au nombre qui mesure l'angle géométrique AOB ; soit α ce nombre ; si le rayon variable effectue n tours avant de venir en OB, le point B décrit n circonférences avant de venir en B. D'après les définitions données, l'angle qui correspond à un tour complet est mesuré par le nombre

C qui mesure la circonférence et l'angle décrit par le rayon est, comme l'arc décrit par le point, mesuré par $a + n$C.

16. Angles dirigés. — On dit qu'un plan est *orienté*, si l'on a choisi dans ce plan un sens de rotation pour les droites ; une demi-droite peut alors, à partir d'une position initiale, tourner dans ce sens, appelé *sens direct*, ou dans l'autre sens, appelé *sens rétrograde* ; dans le premier cas, nous dirons qu'elle décrit un angle *positif* ; dans le second cas, nous dirons qu'elle décrit un angle *négatif* ; on distinguera ces angles par leurs mesures, en leur faisant correspondre un nombre *positif* ou un nombre *négatif*, ayant pour valeur absolue le nombre qui mesure cet angle, comme nous l'avons indiqué plus haut sans nous occuper du sens de rotation.

Supposons maintenant que le cercle considéré précédemment soit orienté comme le plan ; un arc dirigé est mesuré par le même nombre que l'angle dirigé qui lui correspond.

Il est alors naturel de définir la somme de plusieurs angles comme étant l'angle qui correspond à la somme des arcs qui correspondent à ces angles.

17. Angle de deux demi-droites. — Nous définirons l'angle de Ox avec Oy et nous représenterons par la notation $\widehat{\mathrm{O}x,\mathrm{O}y}$ l'un quelconque des angles dont il faut faire tourner Ox pour l'amener à coïncider avec Oy.

Cela revient à faire tourner l'extrémité du rayon Ox de façon à l'amener sur l'extrémité du rayon Oy ; de l'identité de mesure entre les arcs et les angles, il résulte que les formules établies pour les arcs sont applicables aux angles.

Ainsi, en prenant pour unité d'angle celui qui correspond à l'arc de longueur R, et que l'on appelle *radiant*, tous les angles Ox, Oy sont compris dans la formule

$$\widehat{Ox, Oy} = \alpha + 2k\pi,$$

si α est l'un d'eux; ou encore, en prenant le degré pour unité d'angle,

$$\widehat{Ox, Oy} = \alpha' + k.360;$$

ou, en prenant le grade pour unité d'angles,

$$\widehat{Ox, Oy} = \alpha'' + k.400.$$

De même, si l'on considère des demi-droites ayant pour origine commune un point O, on a

$$\widehat{Ox, Oz} = \widehat{Ox, Oy} + \widehat{Oy, Oz} + 2k\pi,$$
$$\widehat{Ox, Oy} + \widehat{Oy, Oz} + \widehat{Oz, Ox} = 2k'\pi.$$

18. Angles supplémentaires, angles complémentaires. — On appelle angles *supplémentaires* deux angles dont la somme est deux angles droits ou π, si l'on prend pour unité d'angle le radiant, qui correspond à l'arc de longueur 1.

On appelle angles *complémentaires* deux angles dont la somme est un angle droit ou $\dfrac{\pi}{2}$, si l'on prend pour unité d'angle le radiant qui correspond à l'arc de longueur 1.

19. Angles de deux droites. — Considérons deux droites indéfinies xOx', yOy'; si l'on fait tourner la première droite autour du point O, on pourra l'amener à coïncider avec la seconde, soit en amenant la demi-droite Ox sur Oy, soit en amenant la demi-droite Ox sur Oy'; soit α un des angles décrits dans le premier cas, tous les autres angles qui amènent la coïncidence de Ox avec Oy sont

$$\alpha + 2k\pi.$$

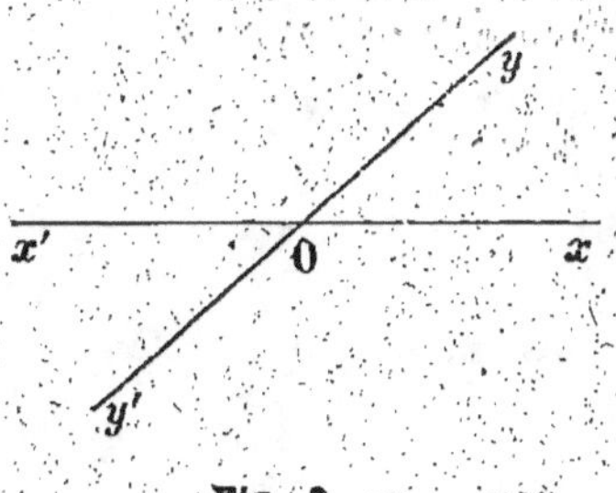

Fig. 9.

D'autre part, ayant amené Ox sur Oy par rotation de l'angle α, on peut ensuite effectuer une rotation égale à π qui amènera Ox sur Oy', de sorte que l'on a une nouvelle série d'angles

$$\alpha + \pi + 2k'\pi$$

qui amènent Ox à coïncider avec Oy'.

Il en résulte que, α désignant un angle dont il faut faire tourner $x'Ox$ pour l'amener sur $y'Oy$, tous les angles qui peuvent amener cette coïncidence sont

$$\alpha + k\pi,$$

k étant un entier positif ou négatif.

On exprime ce résultat en disant que l'angle de deux demi-droites est défini à 2π près et que l'angle de deux droites indéfinies est défini à π près.

EXERCICES

1. Evaluer en degrés, minutes et secondes les arcs mesurés par

$$\frac{3\pi}{5}, \qquad \frac{7\pi}{6}, \qquad \frac{5\pi}{11}, \qquad \frac{18\pi}{17}, \qquad \frac{45\pi}{4}.$$

2. Evaluer les arcs précédents en grades.

3. Evaluer en grades les arcs mesurés par

$$45° 7' 18''. \qquad 153° 15' 42''. \qquad 495° 17' 8''.$$

4. Évaluer en degrés les arcs mesurés par

$$15^\text{r},45, \qquad 183^\text{r},758, \qquad 1875^\text{r},17.$$

5. Quelle est à 1^mm près la longueur d'un arc de

$$175^\circ\,41'\,15''$$

dans une circonférence de rayon 5^m ?

6. Quelle est, à 1^cm près, la longueur d'un arc de

$$152^\text{r},175$$

dans un cercle de rayon 2^m ?

7. Un arc est mesuré par $340^\circ\,18'\,15''$; un autre arc est mesuré par $152^\text{r},4$; évaluer la longueur de la différence de ces arcs dans un cercle de rayon 3^m.

8. Soient A, B, C trois points d'un cercle et M le milieu de l'arc géométrique BC ; démontrer la relation

$$\widehat{AM} = \frac{\widehat{AB} + \widehat{AC}}{2} + k\pi.$$

9. Soient A et B l'origine et l'extrémité d'un arc ; montrer que les arcs $\dfrac{\widehat{AB}}{n}$ qui ont pour origine le point A ont pour extrémités les sommets d'un polygone régulier.

10. Étant données 6 demi-droites OA, OB, OC, OD, OE, OF qui font des angles géométriques AOB, BOC, ..., FOA égaux, on considère toutes les demi-droites qui font avec la demi-droite OA les angles $\dfrac{\widehat{OA, OB}}{2}$ ou les angles $\dfrac{\widehat{OA, OC}}{2}$, etc., ou les angles $\dfrac{\widehat{OA, OB}}{3}$ ou $\dfrac{\widehat{OA, OC}}{3}$, etc...; trouver dans chaque cas combien il y a de demi-droites distinctes entre elles ou distinctes des précédentes.

11. On considère trois demi-droites OA, OB, OC ; on mène les demi-droites OD, telles que

$$\widehat{OA, OD} = \widehat{OD, OB}$$

puis les demi-droites OE telles que

$$2\widehat{OD, OE} = \widehat{OE, OC}.$$

Calculer les angles OA, OD et OA, OE connaissant les angles OA, OB et OA, OC.

12. Etant données deux droites indéfinies $x'Ox$, $y'Oy$, on mène les bissectrices des angles formés par ces droites; trouver leurs angles avec $x'Ox$ et les angles que forment les demi-droites portées sur ces bissectrices avec Ox ou Oy.

13. Deux arcs ont même origine et leur somme est $\dfrac{3\pi}{2}$; comment sont disposées leurs extrémités? — Réciproque.

14. Deux angles ont pour côtés origines les droites Ox, Oy, telles que $\widehat{Ox, Oy} = \dfrac{\pi}{2}$; ces angles étant complémentaires, démontrer que la droite Oy est bissectrice de l'angle formé par les deuxièmes côtés.

15. Deux arcs dont la différence est $\dfrac{\pi}{2}$ ont pour origines respectives deux points distants d'un quadrant; montrer que leurs extrémités sont diamétralement opposées. — Réciproque.

16. Les côtés origines de deux angles sont directement opposés; démontrer que si ces angles sont supplémentaires, leurs seconds côtés coïncident.

17. On considère sur un cercle quatre points A, B, C, D quelconques; on prend les milieux M et M' des arcs AB et CD et le milieu M" de l'arc MM'; on opère de même avec les arcs AC, BD et AD, BC; démontrer que l'on obtient toujours le même point M" en choisissant convenablement ces arcs; si on considère tous les arcs limités par ces points, on obtient quatre points M" distants les uns des autres d'un quadrant.

18. On considère trois demi-droites Ox, Oy, Oz; on mène la bissectrice d'un angle $\widehat{Ox, Oy}$, soit Ot; on mène une droite Ou, telle que $2\widehat{Ot, Ou} = \widehat{Ou, Oz}$; trouver l'angle que fait Ox avec Ou, en considérant toutes les déterminations des angles de la figure.

CHAPITRE II

LIGNES TRIGONOMÉTRIQUES

———

20. On a vu en Algèbre qu'il était souvent utile de représenter un point d'un plan par l'ensemble de deux nombres qui sont ses coordonnées ; quand ce point est assujetti à rester sur une courbe, on peut trouver entre ses coordonnées une relation qui ramène l'étude de la courbe à un problème d'algèbre ; c'est ainsi que la ligne droite équivaut à une relation du premier degré

$$ax + by + c = 0$$

(*Algèbre*, **222**), que la parabole est représentée par une équation $y = ax^2$.

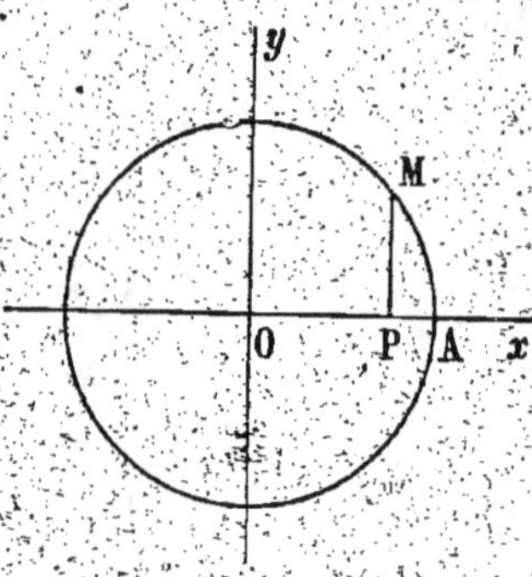

Fig. 10.

Considérons un point M du plan (*fig.* 10) ; ses coordonnées x et y ont pour valeurs absolues les nombres qui mesurent les longueurs OP et MP et on a, entre ces nombres et la distance OM, relation

$$\overline{OM}^2 = \overline{OP}^2 + \overline{MP}^2,$$

qui peut s'écrire

$$\overline{OM}^2 = x^2 + y^2,$$

puisque x et y ont mêmes carrés que OP et MP.

Il suit de là que tout point d'un cercle ayant son centre à l'origine est tel que ses coordonnées vérifient la relation

$$x^2 + y^2 = r^2,$$

r désignant le rayon du cercle ; réciproquement, si les coordonnées d'un point vérifient cette équation, ce point est situé à la distance r de l'origine, il est donc sur le cercle précédent ; on exprime cette propriété en disant que l'équation

$$x^2 + y^2 = r^2$$

est l'équation du cercle.

On ramène ainsi certains problèmes sur le cercle à des problèmes d'algèbre ; mais toute question relative au cercle ne peut être résolue de cette façon ; cette équation ne donne, en particulier, aucun moyen de calculer l'arc AM quand on connaît les coordonnées du point, ou de traiter le problème inverse.

On sait par la géométrie que la longueur d'un arc n'est pas commensurable avec sa corde et on démontre d'autre part que la relation qui existe entre ces longueurs n'est pas algébrique, c'est-à-dire qu'on ne peut déduire l'une de l'autre à l'aide du seul calcul algébrique ; il y a donc lieu de faire une étude spéciale qui permette de calculer un de ces éléments en fonction de l'autre, ou encore de trouver la relation qui existe, par exemple, entre des cordes quand on connaît la relation qui lie les arcs. C'est dans ce but que l'on a introduit des éléments nouveaux, que l'on appelle *lignes trigonométriques* (*) ; ces lignes sont au nombre de six ; deux d'entre elles jouent un rôle prépondérant, les autres se déduisent aisément des premières et n'ont d'autre utilité que d'abréger le langage.

21. **Définition du cosinus et du sinus.** — Considérons un cercle dont le rayon est choisi comme unité de longueur ; nous l'appellerons *cercle trigonométrique* ; menons deux diamètres rectangulaires $x'Ox$, $y'Oy$ (*fig.* 11) qui serviront d'axes de coordonnées et supposons le plan orienté de façon que le sens direct de rotation amène Ox sur Oy par une rotation de 90°.

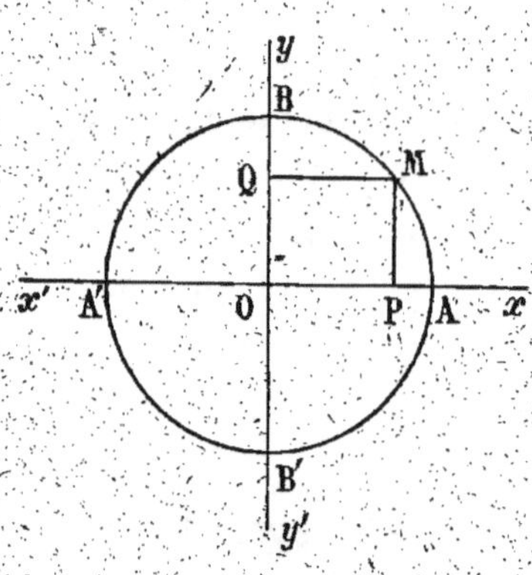

Fig. 11.

Si **M** est un point quelconque du cercle, nous appellerons *cosinus* d'un quelconque des arcs AM (*fig.* 11) le nombre qui mesure le vecteur OP de l'axe $x'Ox$ et *sinus* du même arc le nombre qui mesure le vecteur OQ de l'axe $y'Oy$, P et Q étant les projections de M. Le cosinus et le sinus ne sont donc autre chose que l'*abscisse* et l'*ordonnée* du point M.

L'axe $x'Ox$ est quelquefois appelé *axe des cosinus* et l'axe $y'Oy$ *axe des sinus*.

On écrit *cos a* et *sin a* et on prononce *cosinus a* et

(*) Cette expression est incorrecte, puisque ce que l'on appelle lignes ne sont que des nombres ; nous la conservons pour nous conformer à l'usage.

sinus a pour désigner les nombres qui viennent d'être définis relativement à l'arc AM dont la mesure est *a*. Remarquons que dans ces définitions, nous n'avons pas distingué les différents arcs AM, c'est-à-dire que tous les arcs ayant pour origine A et pour extrémité M ont par définition même cosinus et même sinus, ce que l'on exprime par les relations

$$\cos (2k\pi + a) = \cos a, \qquad \sin (2k\pi + a) = \sin a.$$

22. Signes du cosinus et du sinus. — Les deux axes partagent le cercle en quatre arcs; et le passage d'un arc au suivant est caractérisé par le changement de signe d'une coordonnée du point M; dans le premier quadrant, les deux coordonnées sont positives; dans le second, l'abscisse est négative et l'ordonnée positive; dans le troisième, les deux coordonnées sont négatives; et dans le quatrième, l'abscisse est positive et l'ordonnée négative; ce que l'on peut exprimer de la manière suivante :

Le cosinus est positif dans le premier et le quatrième quadrants, négatif dans le second et le troisième quadrants.

Le sinus est positif dans le premier et le second quadrants, négatif dans le troisième et le quatrième quadrants.

23. Variations du cosinus. — Faisons mouvoir le point M sur le cercle dans le sens positif à partir du point A; l'arc AM, que nous supposons positif et inférieur à 2π, varie de 0 à 2π; M étant en A, l'arc est nul et le cosinus est égal à $+1$; si M se déplace de A à B, l'arc croît de

0 à $\dfrac{\pi}{2}$ et le point P se déplace de A vers O, le cosinus

est positif et décroît de 1 à 0.

Si M se déplace de B à A', l'arc croit de $\dfrac{\pi}{2}$ à π et le point P se déplace de O vers A', le cosinus est négatif et décroit de 0 à -1.

Si M se déplace de A' à B', l'arc croit de π à $\dfrac{3\pi}{2}$ et le point P se déplace de A' à O, le cosinus est négatif et croit de -1 à 0.

Enfin, si M se déplace de B' à A, l'arc croit de $\dfrac{3\pi}{2}$ à 2π et le point P se déplace de O à A, le cosinus est positif et croit de 0 à 1.

Nous pouvons résumer cette variation dans le tableau suivant :

a	0	croît	$\dfrac{\pi}{2}$	croît	π	croît	$\dfrac{3\pi}{2}$	croît	2π
$\cos a$	$+1$	déc.	0	déc.	-1	croît	0	croît	$+1$

On peut encore donner une représentation graphique de cette variation en portant en abscisses les valeurs de l'arc et en ordonnées celles du cosinus ; la seule difficulté sera dans la construction des abscisses que l'on ne pourra

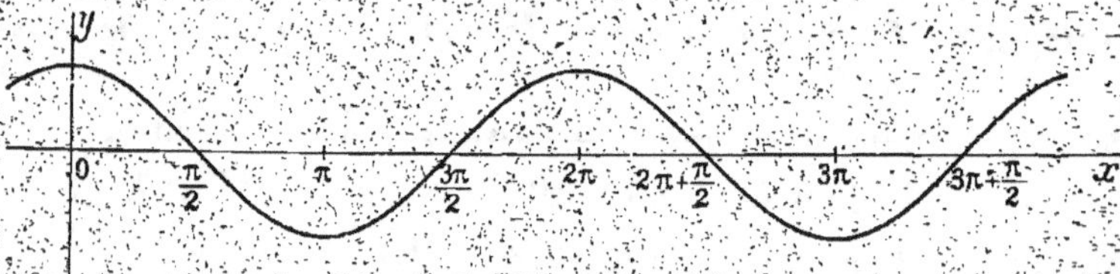

Fig. 12.

construire que d'une manière approchée ; mais cela suffit néanmoins pour avoir une image de cette variation.

Nous pouvons d'ailleurs faire varier l'arc au delà de 2π ; nous retrouverons pour le cosinus les valeurs déjà trouvées d'après une remarque faite précédemment ; on obtient ainsi la courbe figurative ci-contre (*fig.* 12).

24. Variations du sinus. — Nous pouvons répéter pour le sinus ce qui vient d'être dit pour le cosinus et nous voyons immédiatement que l'on peut résumer la variation dans le tableau suivant :

a	0	croît	$\dfrac{\pi}{2}$	croît	π	croît	$\dfrac{3\pi}{2}$	croît	2π
$\sin a$	0	croît	1	décroît	0	décroît	-1	croît	0

On en déduit la courbe figurative (*fig.* 13).

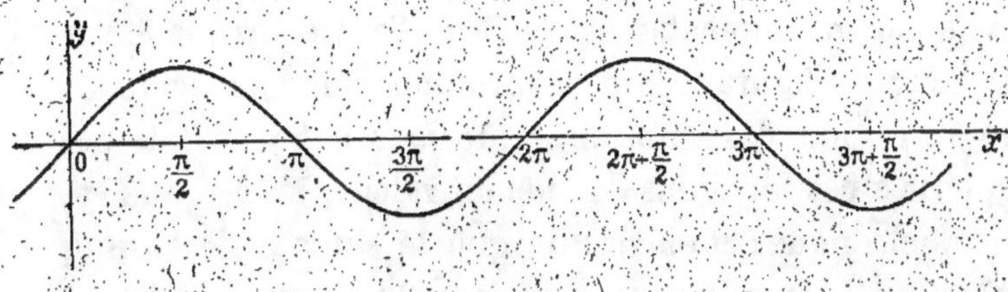

Fig. 13.

25. Remarque. — L'étude de ces variations montre que :

1° Le cosinus et le sinus sont constamment compris entre -1 et $+1$;

2° Le cosinus s'annule pour les arcs $k\pi + \dfrac{\pi}{2}$ et le sinus s'annule pour les arcs $k\pi$; quand l'un d'eux est nul, l'autre est égal à 1 ou -1 ;

3° Le cosinus est *maximum* pour les arcs $2k\pi$ et *minimum* pour les arcs $(2k+1)\pi$; le sinus est *maximum* pour les arcs $2k\pi + \dfrac{\pi}{2}$ et *minimum* pour les arcs $(2k+1)\pi + \dfrac{\pi}{2}$

26. Périodicité. — On dit qu'une fonction $f(x)$ est *périodique* et a pour période un nombre a, si elle conserve la même valeur quand on augmente x de a, quel que soit x. Il est manifeste que si on augmente encore x de a, elle reprend la même valeur, de sorte que cette fonction ne change pas si on augmente x de $2a$ et, d'une façon générale, si on augmente x d'un multiple de a.

A s'en tenir à la définition donnée, on pourrait dire que $2a$, $3a$ sont des périodes ; mais on est convenu d'appeler période *le plus petit nombre a* tel que son addition à x ne change pas la valeur de la fonction.

Nous avons vu que le sinus et le cosinus ne changeaient pas quand on augmentait x de 2π ; d'autre part, la forme des courbes figuratives des variations met en évidence que l'addition d'un nombre inférieur à 2π ne fait pas acquérir à ces fonctions la même valeur, si x a une valeur quelconque ; il en résulte que le sinus et le cosinus sont *périodiques* et ont pour *période* 2π.

27. Définition de la tangente. — *On appelle tangente d'un arc a le rapport du sinus au cosinus de cet arc.*

Il résulte de cette définition que la tangente a une valeur bien déterminée et finie tant que le cosinus n'est pas nul, c'est-à-dire pour tout arc qui n'est pas un multiple impair de $\dfrac{\pi}{2}$; on désigne la tangente d'un arc a par la notation *tang a* ou *tg a*.

28. Variations de la tangente. — Le sinus et le cosinus reprenant les mêmes valeurs quand on augmente l'arc d'un multiple pair de π, il en sera de même pour la tangente ; mais nous pouvons de plus remarquer que si l'on augmente un arc a de π, les extrémités des arcs a et $a + \pi$ sont diamétralement opposées ; les coordonnées de ces extrémités sont donc opposées et leurs rapports sont égaux. La tangente ne change pas quand on augmente l'arc de π, et plus généralement quand on augmente l'arc d'un multiple de π.

Il suffit donc d'étudier la tangente d'un arc variant de 0 à π pour en connaitre toutes les valeurs.

Si l'arc varie de 0 à $\dfrac{\pi}{2}$, le sinus est positif et croît de 0 à 1, le cosinus est positif et décroît de 1 à 0 ; il en résulte que la tangente est positive et croît de 0 à $+\infty$.

Si l'arc varie de $\dfrac{\pi}{2}$ à π, le sinus est positif et décroît de 1 à 0, le cosinus est négatif et décroît de 0 à -1 ; sa valeur absolue croît de 0 à 1 ; la valeur absolue de la tangente décroît donc de ∞ à 0 et la tangente est négative ; elle croît donc de $-\infty$ à 0. On voit ici que lorsque l'arc passe par la valeur $\dfrac{\pi}{2}$, la tangente n'existe pas ; mais, si l'on donne à l'arc les valeurs très voisines de $\dfrac{\pi}{2}$, $\dfrac{\pi}{2} - \varepsilon$ et $\dfrac{\pi}{2} + \varepsilon$, la tangente prend des valeurs très grandes en valeur absolue et de signes contraires ; c'est ce qu'on exprime en disant que pour $\dfrac{\pi}{2}$ la tangente est *discontinue*.

Nous avons vu que l'addition de π à l'arc ne changeait pas la valeur de la tangente ; comme, d'autre part, les valeurs que prend la tangente quand l'arc varie de 0 à π sont toutes distinctes, on voit que la tangente est une *fonction périodique de période* π.

Nous résumons dans le tableau suivant les variations de

a	0	croît	$\dfrac{\pi}{2} - \varepsilon$	$\dfrac{\pi}{2} + \varepsilon$	croît	π
tg a	0	croît	$+\infty$	$-\infty$	croît	0

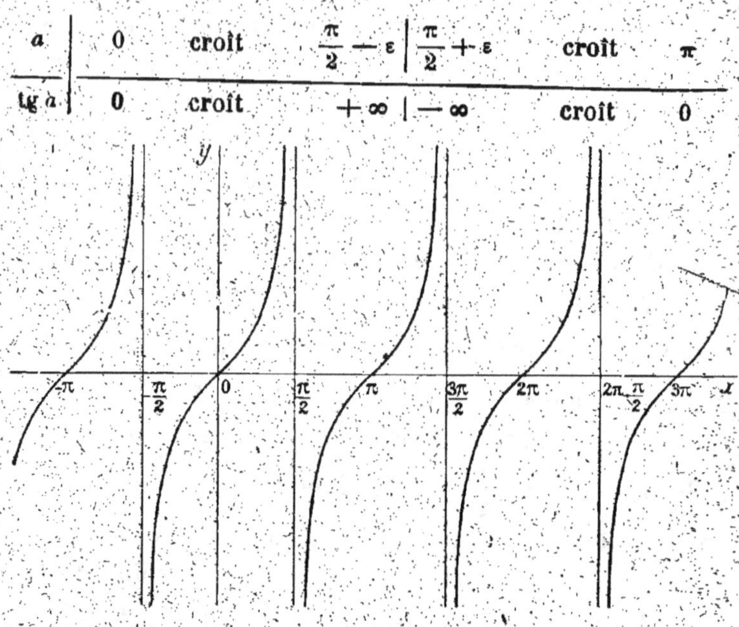

Fig. 14.

la tangente et nous indiquons la courbe figurative (*fig.* 14) de ces variations.

La tangente peut prendre une valeur quelconque.

29. Représentation géométrique de la tangente. — Considérons le cercle trigonométrique (*fig.* 15) et menons la tangente au cercle à l'origine A des arcs ; nous considérons cette tangente parallèle à $y'Oy$ comme un axe dirigé ayant même sens positif que $y'Oy$.

Soit alors M l'extrémité d'un arc A, le rayon OM prolongé détermine sur la tangente un vecteur $\overline{AT}$; nous allons montrer que sa mesure est tg $\widehat{AM}$.

La perpendiculaire abaissée de M sur $x'Ox$ étant parallèle à AT, on a

$$\frac{PM}{OP} = \frac{AT}{OA}.$$

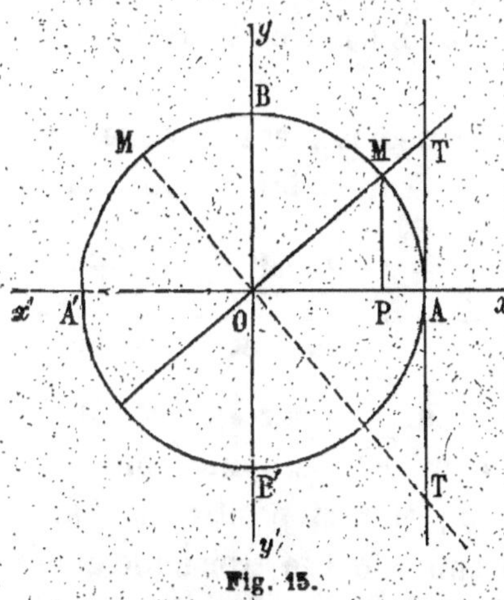

Fig. 15.

Les nombres qui mesurent les longueurs PM, OP sont les valeurs absolues de $\sin a$ et $\cos a$; OA est l'unité ; on a donc

$$AT = \left| \frac{\sin a}{\cos a} \right|.$$

Pour établir le théorème, il suffit de montrer que le signe du vecteur $\overline{AT}$ est celui du rapport $\frac{\sin a}{\cos a}$; or, $\sin a$ et $\cos a$ ont même signe si M est dans le premier ou le troisième quadrant ; T est alors au-dessus de A et $\overline{AT}$ est positif comme le rapport $\frac{\sin a}{\cos a}$; si M est dans le second ou le quatrième quadrant, $\sin a$ et $\cos a$ ont des signes différents, leur rapport est négatif et T étant alors au-dessous de A, le vecteur $\overline{AT}$ est négatif ; on a donc, dans tous les cas,

$$\overline{AT} = \frac{\sin a}{\cos a} = \operatorname{tg} a.$$

30. Définition de la cotangente. — *On appelle cotangente d'un arc a le rapport du cosinus au sinus de cet arc.*

La cotangente, que l'on désigne par *cotang a* ou *cotg a*, est ainsi l'inverse de la tangente; elle est définie sauf pour les valeurs qui annulent le sinus, c'est-à-dire pour les arcs multiples de π.

Ses variations se déduisent immédiatement de celles de la tangente; il nous suffira de les résumer dans ce tableau :

a	$0 + \varepsilon$	croît	$\dfrac{\pi}{2}$	croît	$\pi - \varepsilon$
cotg a	$+ \infty$	décroît	0	décroît	$- \infty$

La cotangente peut prendre une valeur quelconque. Nous remarquerons que la cotangente est une fonction *périodique de période égale à* π; elle est positive si l'extrémité de l'arc est dans le premier ou le troisième quadrant et négative si l'extrémité de l'arc est dans le second ou le quatrième quadrant.

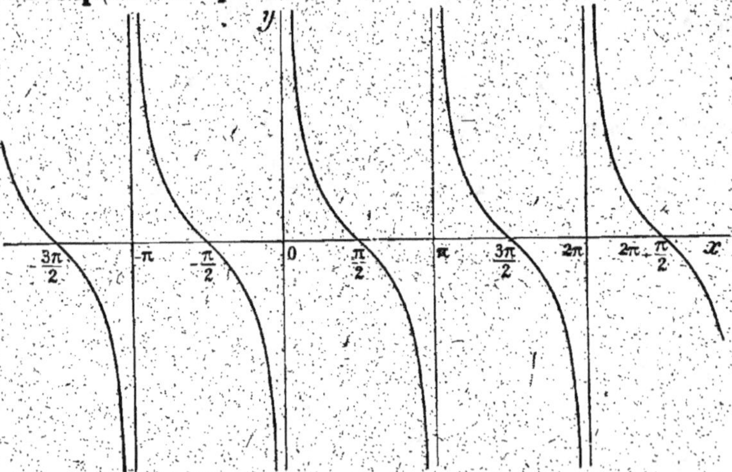

Fig. 16.

La courbe représentative de ses variations est donnée par la figure 16.

31. Représentation géométrique de la cotangente. — Menons au cercle trigonométrique la tangente en B (*fig.* 17) et choisissons sur cette droite un sens positif, celui de Ox.

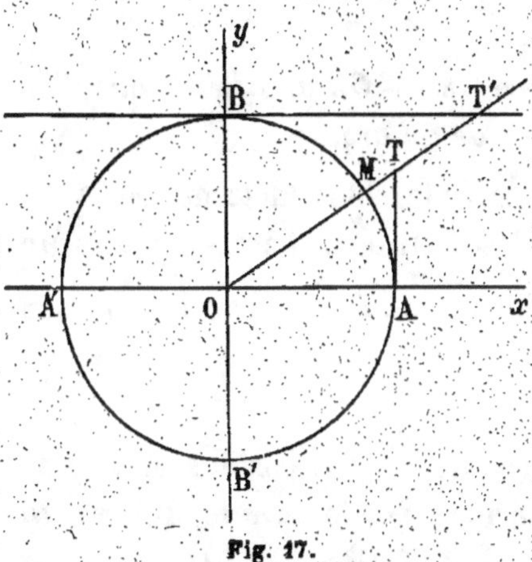

Fig. 17.

Si M est l'extrémité d'un arc a, le rayon OM rencontre la tangente en B en un point T' et nous allons démontrer que le vecteur $\overline{BT'}$ est mesuré par *cotg a*. La tangente en A est rencontrée par le rayon OM en un point T et nous avons vu que l'on a

$$\overline{AT} = \operatorname{tg} a.$$

Il suffit donc d'établir la relation

$$\overline{BT'} = \frac{1}{\overline{AT}}.$$

Remarquons d'abord que les deux vecteurs $\overline{AT}$ et $\overline{BT'}$ ont toujours même signe, $+$ si M est dans le premier ou le troisième quadrant, $-$ si M est dans le second ou le quatrième quadrant; il reste à établir que les longueurs AT et BT' sont inverses l'une de l'autre.

Les deux triangles rectangles OAT, OBT' sont semblables et donnent

$$\frac{BT'}{OA} = \frac{OB}{AT},$$

ou, **puisque** OA et OB ont pour longueur l'unité,

$$BT' = \frac{1}{AT}.$$

32. Définition de la sécante. — *On appelle sécante d'un arc a, l'inverse du cosinus de cet arc.*

La sécante a une valeur finie, bien déterminée, si le cosinus n'est pas nul, c'est-à-dire si l'arc n'est pas un multiple impair de $\frac{\pi}{2}$; on la représente par la notation séc a.

33. Variations de la sécante. — Le cosinus étant une fonction périodique de période 2π, la sécante, qui est son

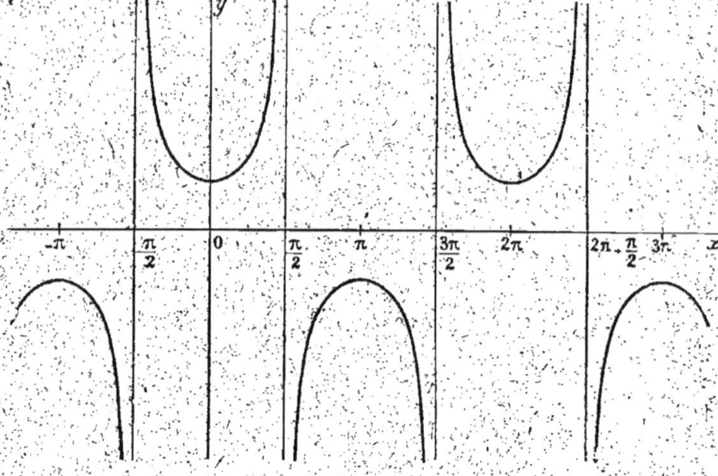

Fig. 18.

inverse, sera également une fonction périodique de période 2π ; il suffira, pour en connaître toutes les valeurs, de faire varier l'arc de 0 à 2π ; la sécante varie en sens inverse du cosinus; le tableau suivant résume ces variations :

a	0 cr. $\frac{\pi}{2}-\varepsilon$	$\frac{\pi}{2}+\varepsilon$ cr. π cr. $\frac{3\pi}{2}-\varepsilon$	$\frac{3\pi}{2}+\varepsilon$ cr. 2π
séc a	1 cr. $+\infty$	$-\infty$ cr. -1 décr. $-\infty$	$+\infty$ décr. 1

La courbe représentative est indiquée par la figure 18.

La sécante ne prend donc aucune valeur comprise entre -1 et $+1$; elle admet la valeur $+1$ si l'arc est un multiple pair de π, et la valeur -1 si l'arc est un multiple impair de π; elle est infinie et discontinue si l'arc est un multiple impair de $\frac{\pi}{2}$.

34. Représentation géométrique de la sécante. — Menons au cercle trigonométrique la tangente en A (*fig.* 19)

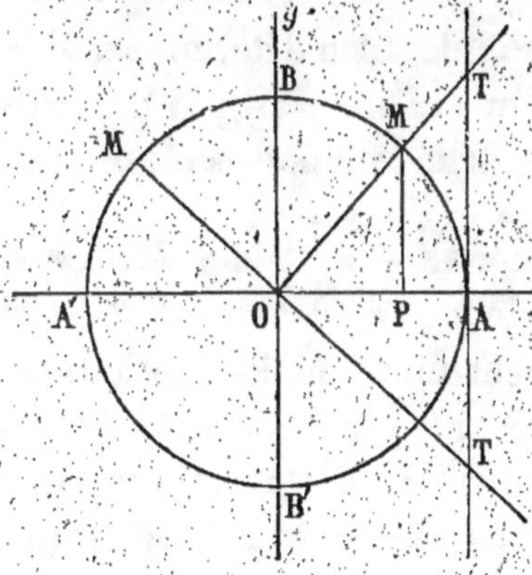

Fig. 19.

et prenons l'intersection T de cette droite avec le rayon OM; nous allons montrer que la sécante de l'arc a terminé en M est la mesure du vecteur $\overline{OT}$, si l'on prend $\overline{OM}$ pour unité.

Les points M et T sont du même côté de O si le point M est dans le premier ou le quatrième quadrant; $\overline{OT}$ est alors un vecteur positif et séc a est également positive, comme cos a; si M est dans un des deux autres quadrants, M et T sont de part et d'autre de O, $\overline{OT}$ est

un vecteur négatif et séc a est également négative ;
séc a et le vecteur $\overline{OT}$ ont donc toujours même signe.

Établissons qu'ils ont même valeur absolue ; les triangles OMP, OTA sont semblables et on a

$$\frac{OT}{OM} = \frac{OA}{OP},$$

ou, OA et OM étant l'unité,

$$OT = \frac{1}{OP} ;$$

$\frac{1}{OP}$ est l'inverse de la valeur absolue du cosinus, c'est donc la valeur absolue de la sécante.

35. Définition de la cosécante. — *On appelle cosécante d'un arc a l'inverse du sinus de cet arc.*

La cosécante a une valeur finie, bien déterminée, si le sinus n'est pas nul, c'est-à-dire si l'arc n'est pas un multiple de π ; on la représente par la notation *coséc a*.

36. Variations de la cosécante. — Le sinus étant une fonction périodique de période 2π, la cosécante, qui est son inverse, sera également une fonction périodique de période 2π ; il suffira, pour en connaître toutes les valeurs, de faire varier l'arc de 0 à 2π ; la cosécante varie en sens inverse du sinus ; le tableau de ses variations est le suivant :

a	$0+\varepsilon$ croît $\frac{\pi}{2}$ croît $\frac{\pi}{2}-\varepsilon$	$\frac{\pi}{2}+\varepsilon$ croît $\frac{3\pi}{2}$ croît $2\pi-\varepsilon$
coséc.a	$+\infty$ décr. 1 croît $+\infty$	$-\infty$ cr. -1 décr. $-\infty$

et la figure 20 en donne la courbe représentative.

La cosécante ne prend donc aucune valeur comprise entre

—1 et +1 ; elle admet la valeur +1 si l'arc est

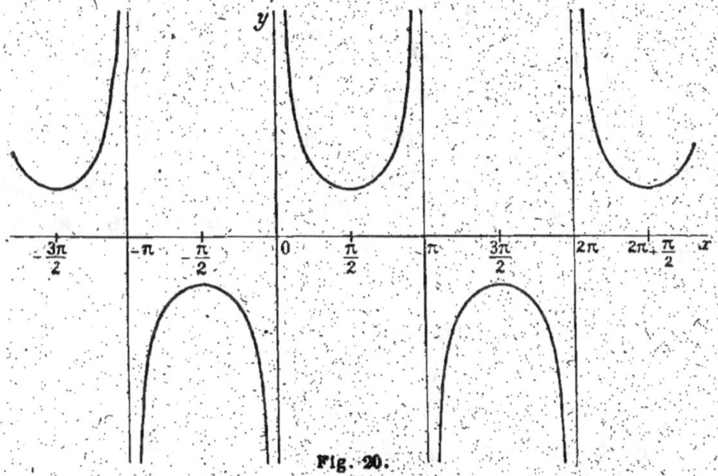

Fig. 20.

de la forme $2k\pi + \dfrac{\pi}{2}$ et la valeur —1 si l'arc est de

la forme $(2k+1)\pi + \dfrac{\pi}{2}$; elle est infinie et discontinue, si l'arc est un mul-
tiple de π.

37. Représentation géométrique de la co-sécante. — Menons au cercle trigonométrique la tangente en B (*fig. 21*) et prenons l'inter-section T de cette droite avec le rayon OM ; nous allons montrer que la cosécante de l'arc *a*

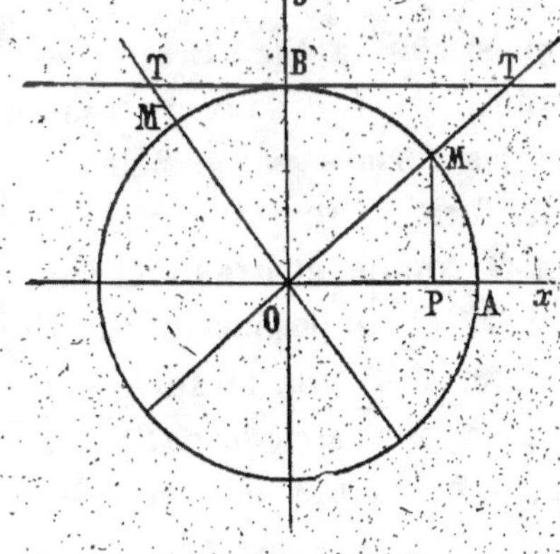

Fig. 21.

terminé en M est la mesure du vecteur $\overline{OT}$, si l'on prend $\overline{OM}$ pour unité. Les points M et T sont du même côté par rapport à O si M est dans le premier ou le second quadrant, $\overline{OT}$ est alors un vecteur positif et coséc a est positive, comme sin a; si M est dans le troisième ou le quatrième quadrant, M et T sont de part et d'autre du point O; le vecteur $\overline{OT}$ est négatif, ainsi que sin a et coséc a; coséc a et $\overline{OT}$ ont donc toujours même signe.

Considérons leurs valeurs absolues; les triangles semblables OMP, OBT donnent

$$\frac{OT}{OB} = \frac{OM}{MP},$$

ou, OB et OM étant l'unité,

$$OT = \frac{1}{MP};$$

$\frac{1}{MP}$ est l'inverse de la valeur absolue du sinus, c'est donc la valeur absolue de la cosécante.

38. Lignes trigonométriques d'un angle dirigé. — Étant données deux demi-droites Ox, Oy dans un plan orienté, si α est un des angles formés par ces demi-droites, tous les angles qu'elles forment sont mesurés par $2k\pi + \alpha$; décrivons du point O comme centre un cercle qui coupe Ox en A et Oy en M et supposons le cercle orienté comme le plan; les arcs AM sont mesurés par $\alpha + 2k\pi$; nous appellerons *lignes trigonométriques de l'angle de Ox avec Oy* les lignes trigonométriques de l'arc AM.

Ainsi, nous aurons

$$\cos \widehat{Ox, Oy} = \cos \widehat{AM},$$
$$\text{tg } \widehat{Ox, Oy} = \text{tg } \widehat{AM}.$$

Fonctions circulaires inverses.

39. Nous avons défini les lignes trigonométriques d'un arc et donné le moyen de construire géométriquement les vecteurs qui représentent ces lignes quand on connaît l'arc dont elles dépendent. Le problème inverse consiste à trouver tous les arcs qui correspondent à une ligne trigonométrique donnée ; ce problème peut comporter deux sortes de solutions : une solution arithmétique, donnant la mesure de l'arc, connaissant celle de la ligne trigonométrique ; une solution géométrique, donnant l'arc lui-même. C'est de cette seconde solution que nous nous occuperons ; toutefois, elle comportera une partie arithmétique, en ce sens que nous indiquerons une relation entre les mesures de tous les arcs qui répondent à la question.

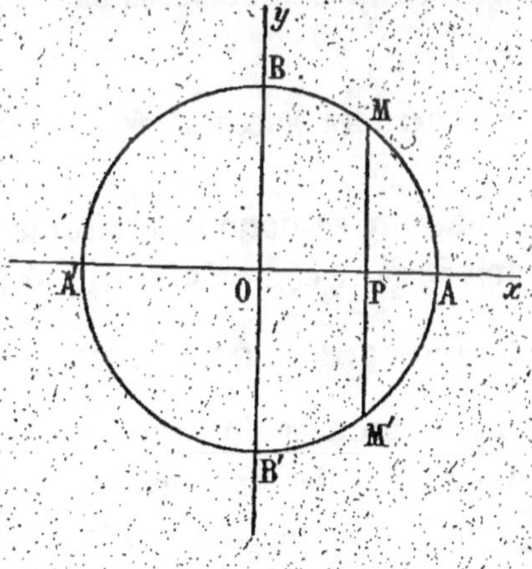

Fig. 22.

40. Inversion du cosinus et de la sécante. — Soit a un nombre donné ; cherchons les arcs dont le *cosinus* est a ; le problème n'est possible que si le nombre a est compris entre -1 et $+1$, comme cela résulte de l'étude des variations du cosinus ; nous supposerons cette condition réalisée.

Si M est l'extrémité de l'arc inconnu (*fig. 22*), sa projection P sur l'axe Ox des cosinus est telle que le vecteur $\overline{OP}$ soit mesuré par a; on obtiendra donc le point P unique en portant sur A'A à partir de O une longueur mesurée par la valeur absolue de a, à droite si a est positif, à gauche si a est négatif.

Les points du cercle qui se projettent en P sont les points M et M' situés sur la perpendiculaire élevée de P à AA'; les arcs terminés en M et M' ont pour *cosinus* $\overline{OP}$ ou a et ce sont les seuls qui aient ce cosinus.

Ayant ainsi déterminé ces arcs, cherchons la relation qui existe entre leurs mesures. Soit α la mesure d'un arc AM; tous les arcs AM sont mesurés par $2k\pi + \alpha$ et tous les arcs AM' sont mesurés par $2k\pi - \alpha$ (10); de telle sorte que si α est un arc ayant pour cosinus a, tous les arcs qui admettent ce même cosinus sont mesurés par

$$2k\pi \pm \alpha,$$

expression dans laquelle on prendra successivement les signes $+$ et $-$.

Supposons maintenant que l'on se donne la *sécante*; soit b sa valeur; elle ne doit pas être comprise entre -1 et $+1$; l'inverse $\dfrac{1}{b}$ est alors comprise entre -1 et $+1$ et est le *cosinus* de l'arc; nous sommes ainsi ramenés au problème déjà traité et si α est un des arcs ayant pour sécante b, tous les arcs qui ont cette même sécante sont donnés par la relation

$$2k\pi \pm \alpha.$$

A titre d'exercice, proposons-nous de déterminer géométriquement les extrémités des arcs qui admettent b pour

sécante. Le rayon qui aboutit à l'extrémité d'un tel arc doit rencontrer la tangente en A (*fig.* 23) en un point T tel que la longueur OT soit mesurée par la valeur absolue de b ; si l'on décrit de O comme centre avec b comme rayon un cercle, il coupe cette tangente en deux points T et T', pourvu que la valeur absolue de b soit supérieure

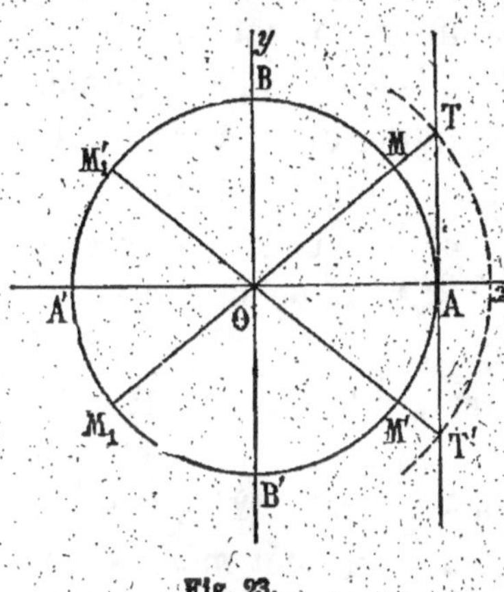

Fig. 23.

à 1. Les droites OT, OT' coupent le cercle en des points M, M_1, M', M_1' ; si b est positif, les arcs cherchés seront terminés en M ou M' ; si b est négatif, ils seront terminés en M_1 ou M_1' ; dans le premier cas, en effet, les vecteurs $\overline{OT}$, $\overline{OT'}$ sont de même sens que $\overline{OM}$ et $\overline{OM'}$; dans le cas contraire, ils sont de sens différents.

44. Inversion du sinus et de la cosécante. — Soit a un nombre donné ; cherchons les arcs dont le *sinus* est a ; le problème n'est possible que si a est compris entre -1 et $+1$, ce que nous supposerons. Si M est l'extrémité de l'arc

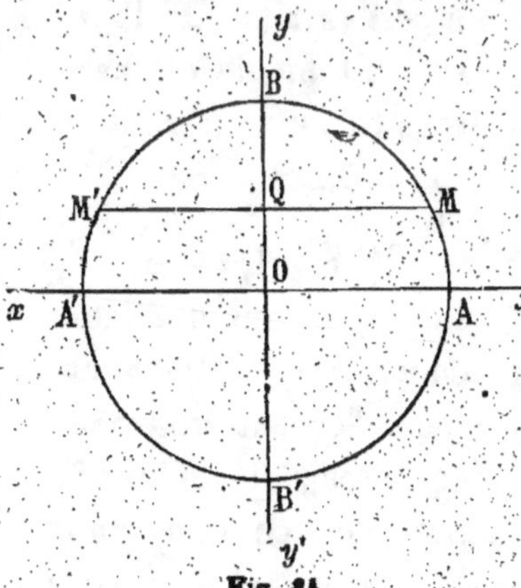

Fig. 24.

inconnu (*fig.* 24), sa projection Q sur l'axe $y'Oy$ des

sinus est telle que le vecteur $\overline{OQ}$ soit mesuré par a ; on obtiendra donc le point Q unique en portant sur BB', a partir de O, une longueur mesurée par la valeur absolue de a, au-dessus si a est positif, au-dessous si a est négatif (*fig.* 24). Les points du cercle qui se projettent en Q sont les points M et M' situés sur la perpendiculaire élevée en Q à BB' ; les arcs terminés en M et M' ont pour *sinus* a et ce sont les seuls qui aient ce sinus.

Soit α la mesure d'un des arcs terminés en M ; tous les arcs terminés en M sont mesurés par $2k\pi + \alpha$ et tous les arcs terminés en M' sont mesurés par $(2k+1)\pi - \alpha$ (12) ; de telle sorte que tous les arcs qui ont même sinus que l'arc α sont donnés par les formules

$$2k\pi + \alpha, \qquad (2k+1)\pi - \alpha.$$

Supposons maintenant que l'on se donne la *cosécante* ; soit b sa valeur ; elle ne doit pas être comprise entre -1 et $+1$; l'inverse $\dfrac{1}{b}$ est alors comprise entre -1 et $+1$ et est le *sinus* de l'arc ; si α est un de ces arcs, tous les autres seront

$$2k\pi + \alpha$$

ou

$$(2k+1)\pi - \alpha.$$

Nous pouvons d'ailleurs construire géométriquement les extrémités de ces arcs ; il suffira de procéder comme pour la sécante ; sans insister sur ce point, nous indiquerons simplement la construction. Du point O comme

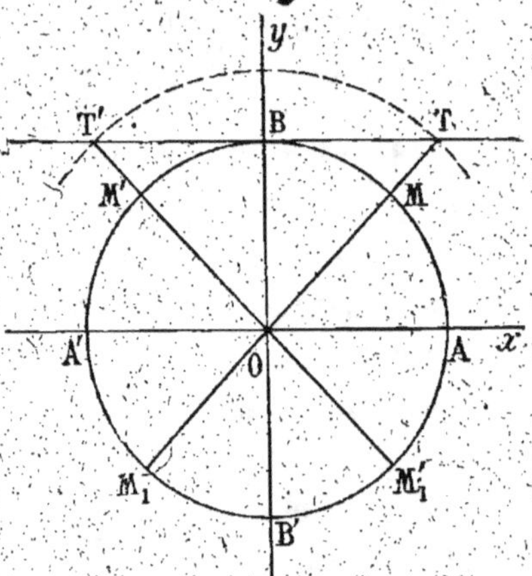

Fig. 25.

centre (*fig.* 25), on décrit un cercle ayant pour rayon la valeur absolue de b, supposée supérieure à 1 ; ce cercle coupe la tangente en B en deux points T et T' et les droites OT, OT' rencontrent le cercle trigonométrique en M, M_1, M', M'_1 ; si b est positif, les extrémités des arcs sont M ou M' ; si b est négatif, les extrémités sont M_1 ou M'_1 ; ces points sont deux à deux symétriques par rapport à BB'.

42. Inversion de la tangente et de la cotangente. — Soit a un nombre donné ; cherchons les arcs dont la *tangente* est a.

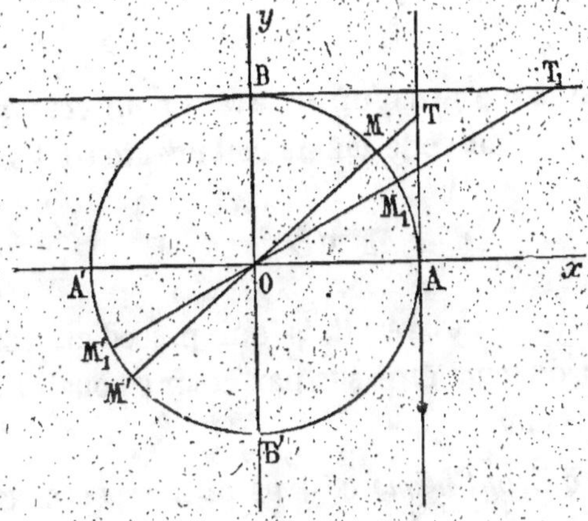

Fig. 26.

Le rayon OM (*fig.* 26) qui aboutit à l'extrémité d'un tel arc coupera la tangente en A au cercle trigonométrique en un point T tel que $\overline{AT}$ soit égal à a ; si donc nous portons à partir de A sur la tangente au cercle une longueur mesurée par la valeur absolue de a au-dessus de A si a est positif, au-dessous de A si a est négatif, nous obtiendrons la droite OT qui passe par l'extrémité de l'arc cherché; on détermine ainsi deux points M et M' diamétralement opposés. Les arcs terminés en M ou M' ont pour *tangente* a et ce sont les seuls qui aient cette tangente.

On voit de la même manière que si l'on se donne la *cotangente* b, on obtiendra les extrémités des arcs correspondants en portant sur la tangente en B au cercle trigonométrique le vecteur $\overline{BT_1}$, mesuré par b, et en menant OT_1; on obtient encore ainsi deux points M_1 et M'_1 diamétralement opposés (*fig.* 26).

Il résulte de là que si α est la mesure d'un arc ayant pour *tangente* a, tous les arcs qui ont cette même tangente sont mesurés (11) par

$$k\pi + \alpha;$$

et que si β est la mesure d'un arc ayant pour *cotangente* b, tous les arcs qui ont cette même cotangente sont mesurés (11) par

$$k\pi + \beta.$$

43. Résumé. — Les résultats qui précèdent sont très importants et doivent être sus par cœur; nous allons les résumer brièvement.

1° *Les arcs qui ont même* cosinus *ou même* sécante *que l'arc* α *sont donnés par la formule*

$$2k\pi \pm \alpha.$$

2° *Les arcs qui ont même* sinus *ou même* cosécante *que l'arc* α *sont donnés par les formules*

$$2k\pi + \alpha \qquad \text{et} \qquad (2k+1)\pi - \alpha.$$

3° *Les arcs qui ont même* tangente *ou même* cotangente *que l'arc* α *sont donnés par la formule*

$$k\pi + \alpha.$$

En retournant en quelque sorte ces énoncés, on peut leur donner une forme qui est utile dans la pratique :

1° La condition nécessaire et suffisante pour que deux arcs aient même COSINUS *ou même* SÉCANTE *est que la somme ou la différence de ces arcs soit un multiple pair de* π.

En effet, ces arcs ont ou même extrémité ou des extrémités symétriques par rapport à AA'; dans le premier cas, leur différence est un multiple de 2π (3); dans le second cas, leur somme est un multiple de 2π (10).

2° La condition nécessaire et suffisante pour que deux arcs aient même SINUS *ou même* COSÉCANTE *est que leur différence soit un multiple pair de* π *ou que leur somme soit un multiple impair de* π.

En effet, ces arcs ont ou même extrémité ou leurs extrémités sur une parallèle à AA'; dans le premier cas, leur différence est un multiple pair de π (3); dans le second cas, leur somme est un multiple impair de π (13).

3° La condition nécessaire et suffisante pour que deux arcs aient même TANGENTE *ou même* COTANGENTE *est que leur différence soit un multiple de* π.

Cela résulte de ce fait que les extrémités sont diamétralement opposées et de ce qui a été établi au n° 11.

44. Notation. — A une ligne trigonométrique correspond non un arc, mais une infinité d'arcs ; on ne peut donc pas dire que l'arc soit une fonction bien déterminée d'une ligne trigonométrique ; mais, si on suppose que l'arc considéré est compris entre certaines limites, à toute valeur de la ligne pourra ne correspondre qu'un seul arc qui sera bien déterminé.

Ainsi, considérons seulement les arcs compris entre $-\dfrac{\pi}{2}$ et $+\dfrac{\pi}{2}$; si on se donne le *sinus*, l'arc est bien déterminé; de même, si on considère des arcs compris entre 3π et 4π et si on se donne la *tangente*, l'arc est bien déterminé.

Supposant ces conditions remplies, nous appellerons alors *arc sinus a* et nous écrirons *arc sin a* l'arc bien déterminé qui a pour *sinus* le nombre *a*; de même, nous écrirons *arc cotg a* pour désigner l'arc bien déterminé qui a pour *cotangente* le nombre *a*.

EXERCICES

1. Démontrer que l'on peut représenter géométriquement la tangente et la cotangente de la manière suivante :

Soit M l'extrémité de l'arc, la tangente au cercle trigonométrique en M rencontre AA' en T et BB' en S ; si l'on a choisi sur la tangente en M au cercle un sens positif opposé au sens positif choisi sur le cercle, $\overline{MT}$ représente la tangente de l'arc AM. Si on a choisi sur la tangente en M le même sens positif que le sens positif choisi sur le cercle, $\overline{MS}$ représente la cotangente de l'arc AM.

2. Démontrer que l'on peut représenter géométriquement la sécante et la cosécante de la manière suivante :

A l'extrémité M de l'arc, on mène la tangente au cercle trigonométrique : soient T et S les points où elle rencontre AA' et BB'; la sécante et la cosécante sont respectivement les vecteurs $\overline{OT}$ et $\overline{OS}$.

3. Construire géométriquement les arcs pour lesquels le rapport du sinus au cosinus est -3.

4. Construire les arcs pour lesquels le rapport de la tangente à la cotangente est 4 ; si α mesure l'un d'eux, quels sont les nombres qui mesurent les autres ?

5. Trouver dans le premier quadrant un arc tel que le rapport de sa tangente à la corde qu'il sous-tend soit un nombre donné m.

6. Étudier les variations des fonctions

$$3 \sin x - 1, \qquad 2 - 4 \cos x,$$
$$\sin^2 x - 3 \sin x + 2, \qquad \cos^2 x - \cos x + 2,$$
$$\operatorname{tg}^2 x + \operatorname{tg} x - 1, \qquad \operatorname{cotg}^2 x + 2 \operatorname{cotg} x - 1,$$
$$\frac{1 - \sin x}{1 + \sin x}, \qquad \frac{2 + \cos x}{1 - \cos x}, \qquad \frac{3 + \sin x}{4 + \sin x},$$

lorsque l'arc x varie de 0 à 2π; construire les courbes représentatives.

Pour étudier ces variations, on considérera les intervalles dans lesquels la ligne considérée varie constamment dans le même sens ; si elle varie dans le sens de x, on étudiera les variations des expressions données par rapport à la ligne qui y figure ; ces variations seront les mêmes que par rapport à x ; si au contraire la ligne varie en sens inverse de x, la variation de l'expression par rapport à x aura lieu en sens contraire de la variation par rapport à la ligne.

7. Quels sont les arcs dont la tangente est 1, est -1 ?

8. Quels sont les arcs dont le sinus est $\dfrac{1}{2}$, dont le cosinus est $\dfrac{1}{2}$?

9. Un arc α étant donné, trouver tous les arcs β tels que:

1° $\cos \beta = -\cos \alpha$;
2° $\sin \beta = -\sin \alpha$;
3° $\operatorname{tg} \beta = -\operatorname{tg} \alpha$.

10. Résoudre les équations :

$$\sin (3x + \pi) = \sin \left(x - \frac{\pi}{2} \right), \qquad \operatorname{tg} \frac{x - a}{x - b} = \operatorname{tg} \frac{x + a}{x + b},$$

$$\cos (x - \pi) = \cos \left(4x + \frac{3\pi}{2} \right), \qquad \cos(x^2 - 2x + 3) = \cos(x^2 + x + 3),$$

$$\operatorname{tg} (5x + 2\pi) = \operatorname{tg} (3x - 5\pi), \qquad \sin (x^2 - 3x + 1) = \sin (x^2 + 2).$$

Il suffira d'écrire que les arcs vérifient les relations énoncées dans le chapitre précédent et on aura à résoudre des équations du premier ou du second degré.

CHAPITRE III

RELATIONS ENTRE LES LIGNES TRIGONOMÉTRIQUES

Lignes d'arcs opposés, supplémentaires; etc.

45. D'après les définitions des lignes trigonométriques d'un arc, la connaissance du sinus et du cosinus suffit pour déterminer par un calcul algébrique très simple les autres lignes; il suffira donc d'étudier les relations entre les sinus et les cosinus de deux arcs pour en déduire les relations entre les autres lignes de ces arcs; nous allons examiner successivement les arcs opposés, supplémentaires, complémentaires, les arcs qui diffèrent de π ou de $\dfrac{\pi}{2}$.

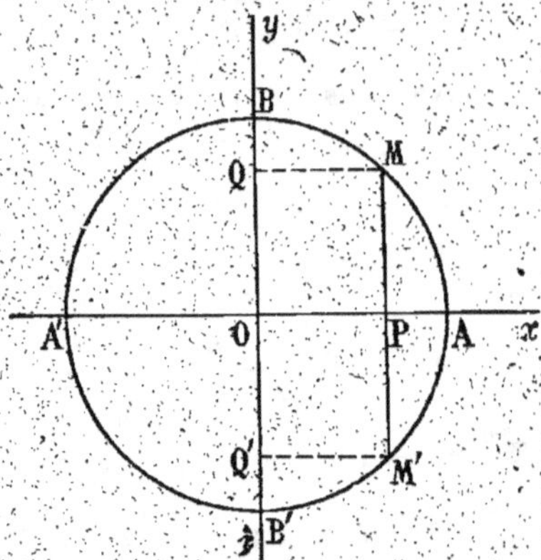

Fig. 27.

46. Arcs opposés. — Deux arcs opposés ont leurs extrémités symétriques par rapport à AA' (10);

les projections de ces extrémités sur AA' (*fig.* 27) sont confondues et leurs projections sur BB' sont symétriques par rapport à O; les cosinus représentés par $\overline{OP}$ sont égaux; les sinus $\overline{OQ}$ et $\overline{OQ'}$ sont opposés.

On a donc

$$\sin(-x) = -\sin x,$$
$$\cos(-x) = \cos x,$$

et on en déduit

$$\operatorname{tg}(-x) = -\operatorname{tg} x,$$
$$\operatorname{cotg}(-x) = -\operatorname{cotg} x,$$
$$\operatorname{séc}(-x) = \operatorname{séc} x,$$
$$\operatorname{coséc}(-x) = -\operatorname{coséc}(x).$$

47. Arcs dont la différence est π. — Les extrémités de ces deux arcs sont diamétralement opposées (11); les coordonnées des points M et M' sont alors respectivement opposées (*fig.* 28) et on a

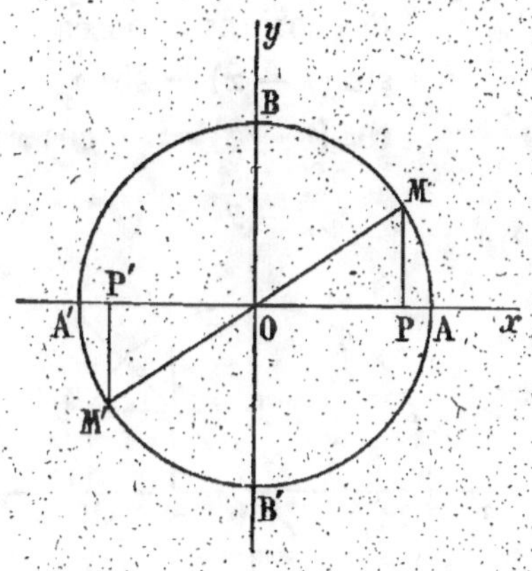

Fig. 28.

$$\overline{P'M'} = -\overline{PM},$$
$$\overline{OP'} = -\overline{OP},$$

ou

$$\sin(x+\pi) = -\sin x,$$
$$\cos(x+\pi) = -\cos x;$$

et on en déduit

$$\operatorname{tg}(x+\pi) = \operatorname{tg} x,$$
$$\operatorname{cotg}(x+\pi) = \operatorname{cotg} x,$$
$$\operatorname{séc}(x+\pi) = -\operatorname{séc} x,$$
$$\operatorname{coséc}(x+\pi) = -\operatorname{coséc} x.$$

Remarquons d'ailleurs que les formules relatives à la tangente et à la cotangente résultent immédiatement de la périodicité de ces lignes.

48. Arcs supplémentaires. — Les extrémités de deux arcs supplémentaires sont symétriques par rapport à BB′ (12) ; leurs projections Q sur BB′ (*fig.* 29) sont confondues et leurs projections P et P′ sur AA′ sont symétriques par rapport à O ; ces arcs ont donc même sinus et des cosinus opposés

$$\sin (\pi - x) = \sin x,$$
$$\cos (\pi - x) = - \cos x ;$$

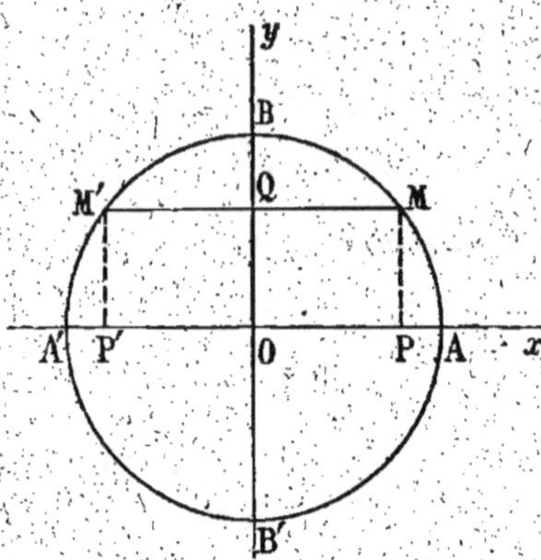

Fig. 29.

on en déduit
$$\operatorname{tg} (\pi - x) = -\operatorname{tg} x,$$
$$\operatorname{cotg} (\pi - x) = -\operatorname{cotg} x,$$
$$\sec (\pi - x) = -\sec x,$$
$$\operatorname{coséc} (\pi - x) = \operatorname{coséc} x.$$

49. Arcs complémentaires. — Les extrémités de deux arcs complémentaires sont symétriques par rapport à la bissectrice du premier quadrant (13) ; soient M

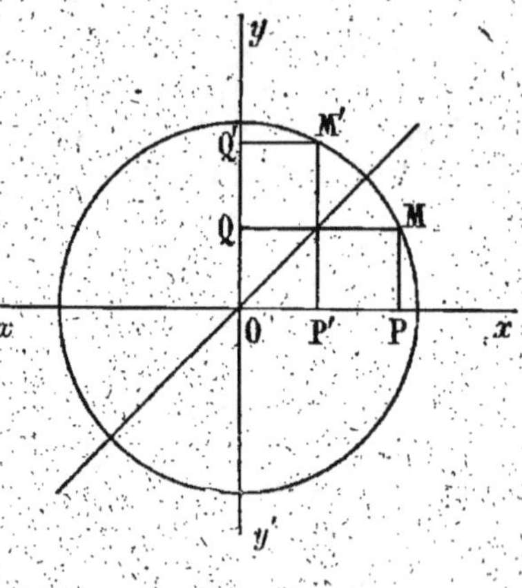

Fig. 30.

et M′ (*fig.* 30) ces extrémités, $\overline{OP}$, $\overline{OP'}$ et $\overline{OQ}$, $\overline{OQ'}$ les cosinus et les sinus de ces arcs ; en faisant tourner la figure autour de la bissectrice, M vient en M′ et Ox en Oy; P coïncide avec Q′ et P′ avec Q ; la direction positive de l'axe $x'Ox$ coïncide avec celle de l'axe $y'Oy$ et les vecteurs $\overline{OP'}$ et $\overline{OQ}$ ont même longueur et même signe ; il en est de même des vecteurs $\overline{OQ'}$ et $\overline{OP}$; on a donc

$$\sin\left(\frac{\pi}{2} - x\right) = \cos x,$$

$$\cos\left(\frac{\pi}{2} - x\right) = \sin x;$$

on en déduit

$$\operatorname{tg}\left(\frac{\pi}{2} - x\right) = \frac{\cos x}{\sin x} = \operatorname{cotg} x,$$

$$\operatorname{cotg}\left(\frac{\pi}{2} - x\right) = \frac{\sin x}{\cos x} = \operatorname{tg} x,$$

$$\operatorname{séc}\left(\frac{\pi}{2} - x\right) = \frac{1}{\sin x} = \operatorname{coséc} x,$$

$$\operatorname{coséc}\left(\frac{\pi}{2} - x\right) = \frac{1}{\cos x} = \operatorname{séc} x.$$

50. **Arcs dont la différence est $\frac{\pi}{2}$.** — Soient deux arcs x et $\frac{\pi}{2} + x$; on peut écrire

$$\frac{\pi}{2} + x = \frac{\pi}{2} - (-x),$$

et appliquant les relations trouvées pour les arcs complémentaires et les arcs opposés, on trouve

$$\sin\left(\frac{\pi}{2} + x\right) = \sin\left[\frac{\pi}{2} - (-x)\right]$$

$$= \cos(-x) = \cos x,$$

$$\cos\left(\frac{\pi}{2}+x\right) = \cos\left[\frac{\pi}{2}-(-x)\right]$$
$$= \sin(-x) = -\sin x:$$

on en déduit

$$\operatorname{tg}\left(\frac{\pi}{2}+x\right) = -\cot g\,x,$$

$$\cot g\left(\frac{\pi}{2}+x\right) = -\operatorname{tg}x,$$

$$\sec\left(\frac{\pi}{2}+x\right) = -\operatorname{cos\acute ec}x,$$

$$\operatorname{cos\acute ec}\left(\frac{\pi}{2}+x\right) = \sec x.$$

On aurait pu d'ailleurs trouver ces dernières relations en se servant des relations entre les différentes lignes des arcs supplémentaires et des arcs complémentaires.

51. Réduire un arc au premier quadrant. — Dans les calculs où interviennent des lignes trigonométriques, on se sert de tables qui fournissent les lignes ou plutôt les logarithmes des lignes relatives au premier quadrant; il est donc important de ramener le calcul des lignes d'un arc quelconque au calcul des lignes d'un arc du premier quadrant.

On peut toujours, en ajoutant ou retranchant un nombre entier de circonférences, ramener l'arc à être en valeur absolue inférieur à une circonférence; son extrémité sera alors bien déterminée; si elle est dans le premier quadrant, le problème est résolu; si elle est dans le second quadrant, l'extrémité de l'arc supplémentaire sera dans le premier ; on calculera les lignes de cet arc et les formules du n° 48 résoudront la question ; si l'extrémité de l'arc est dans le troisième quadrant, l'arc obtenu en retranchant une demi-circonférence aura son extrémité dans le premier quadrant ; on calculera les lignes de cet arc et on en déduira celles du précédent à l'aide des formules du n° 47 ; enfin, si l'arc donné a son extrémité dans le quatrième quadrant, l'arc opposé aura son extrémité dans le premier quadrant et des lignes de cet arc on déduira celles du premier en appliquant les formules du n° 46.

Nous allons effectuer ces calculs sur quelques exemples, en supposant successivement que l'on mesure les arcs en longueurs d'arcs, en degrés ou en grades ; ce sont ces deux dernières mesures qui sont utilisées dans la pratique.

Exemple I : *Réduire au premier quadrant l'arc* $\dfrac{11}{5}\pi$.

On peut écrire $\dfrac{11}{5}\pi$ sous la forme $2\pi + \dfrac{\pi}{5}$.

Il suffit de considérer l'arc $\dfrac{\pi}{5}$ dont l'extrémité est dans le premier quadrant.

Exemple II : *Réduire au premier quadrant l'arc* 1185° 15′ 25″.

Nous commençons par retrancher un nombre entier de fois 360° de façon à avoir un reste inférieur à 360° ; il suffit de diviser 1185° par 360° ; on a

$$1185 = 360 \times 3 + 105.$$

L'arc est donc

$$360° \times 3 + 105° 15′ 25″$$

et on peut le remplacer par l'arc mesuré par

$$105°\,15'\,25''.$$

Cet arc est situé dans le second quadrant; prenons son supplément en le retranchant de 180°, que nous écrivons pour plus de commodité 179° 59′ 60″

$$\begin{array}{r} 179°\,59'\,60'' \\ 105°\,15'\,25'' \\ \hline 74°\,44'\,35'' \end{array}$$

L'arc 74° 44′ 35″ est dans le premier quadrant; on calculera son sinus et son cosinus, par exemple; on aura ainsi le sinus de l'arc donné et le cosinus changé de signe de cet arc.

Exemple III : *Réduire au premier quadrant l'arc* — 504ʳ,45ʹ.

Ajoutons un nombre entier de circonférences de façon à avoir un arc dont la mesure ait une valeur absolue inférieure à 400ʳ; il suffit d'ajouter une circonférence ou 400ʳ; nous avons ainsi l'arc — 104ʳ,45ʹ; son extrémité est dans le troisième quadrant; on le ramènera dans le premier quadrant en lui ajoutant une demi-circonférence ou 200ʳ; on a ainsi l'arc de

$$200^r - 104^r,45' = 95^r,55'.$$

Cet arc a son extrémité dans le premier quadrant et le problème est résolu; le sinus de l'arc donné sera opposé au sinus de l'arc du premier quadrant; il en sera de même du cosinus.

Lignes d'un même arc.

52. Relations fondamentales. — Un arc étant donné, ses lignes trigonométriques sont déterminées; nous avons vu qu'inversement, à une ligne trigonométrique correspondent un ou deux arcs compris entre 0 et 2π; leurs autres lignes sont connues; il en résulte qu'à une ligne trigonométrique correspondent au plus deux autres lignes de chaque espèce; entre deux lignes trigonométriques d'un arc doit donc exister une relation, ou encore les six lignes doivent être liées par cinq relations; les définitions mêmes de la tangente, de la cotangente, de la sécante et de la cosécante fournissent quatre relations; nous allons en établir une cinquième entre le cosinus et le sinus.

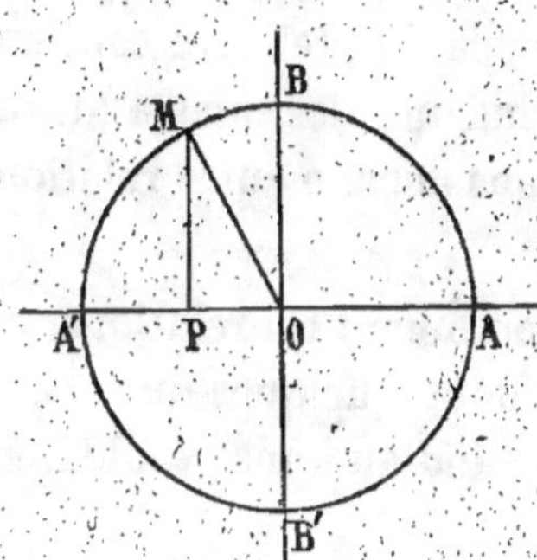

Fig. 31.

Soit M (*fig.* 31) l'extrémité d'un arc a; dans le triangle rectangle OMP, on a

$$\overline{OM}^2 = \overline{OP}^2 + \overline{PM}^2;$$

OM étant pris pour unité, on a

$$\sin a = \overline{PM}, \qquad \cos a = \overline{OP}.$$

La relation précédente devient

$$1 = \cos^2 a + \sin^2 a.$$

Les cinq relations entre les lignes trigonométriques d'un arc a sont donc :

$$(1) \qquad \sin^2 a + \cos^2 a = 1,$$

$$(2) \qquad \operatorname{tg} a = \frac{\sin a}{\cos a},$$

$$(3) \qquad \operatorname{cotg} a = \frac{\cos a}{\sin a},$$

$$(4) \qquad \sec a = \frac{1}{\cos a},$$

$$(5) \qquad \operatorname{coséc} a = \frac{1}{\sin a}.$$

Elles sont d'ailleurs distinctes ; car la première contient seulement $\cos a$ et $\sin a$ et chacune des quatre autres contient une ligne qui n'entre dans aucune autre relation.

53. Autres relations. — En combinant ces relations, on peut en former de nouvelles, dont quelques-unes sont d'un usage fréquent ; nous indiquerons seulement celles-ci.

La comparaison des relations (2) et (3) donne

$$\operatorname{tg} a . \operatorname{cotg} a = 1.$$

La tangente et la cotangente d'un arc sont deux nombres inverses l'un de l'autre.

Si l'on divise les deux membres de la relation (1) par $\cos^2 a$, on a

$$\frac{\sin^2 a}{\cos^2 a} + 1 = \frac{1}{\cos^2 a},$$

ou

$$tg^2\ a + 1 = séc^2\ a.$$

Si l'on divise les deux membres de la relation (1) par $sin^2\ a$, on a

$$1 + \frac{cos^2\ a}{sin^2\ a} = \frac{1}{sin^2\ a},$$

ou

$$1 + cotg^2\ a = coséc^2\ a.$$

Calcul des lignes trigonométriques d'un arc en fonction de l'une d'elles.

54. On peut se proposer deux sortes de problèmes : d'abord se donner un nombre qui représente une ligne trigonométrique ; à cette ligne correspondent différents arcs, dont on peut chercher toutes les lignes trigonométriques, il y aura en général plusieurs solutions ; on peut, en second lieu, se donner un arc et une de ses lignes trigonométriques et chercher les valeurs des autres lignes du même arc ; le problème n'a alors qu'une solution.

Remarquons tout d'abord que la cotangente, la sécante et la cosécante étant les inverses de la tangente, du cosinus et du sinus, la connaissance des trois dernières lignes suffit ; d'autre part, se donner les trois premières ou se donner les trois dernières revient au même ; nous nous bornerons à l'étude du cosinus, du sinus et de la tangente ; ce sont, à vrai dire, les seules lignes trigonométriques dont on ait à s'occuper dans les calculs.

55. **Problème I : Connaissant** $sin\ a$, **calculer** $cos\ a$ **et** $tg\ a$.

I. — Soit b un nombre compris entre -1 et $+1$ et qui représente un sinus; si a est un des arcs correspondants, on a

$$\cos^2 a = 1 - \sin^2 a = 1 - b^2,$$

$$\cos a = \pm\sqrt{1 - b^2},$$

$$\operatorname{tg} a = \frac{\sin a}{\cos a} = \frac{b}{\pm\sqrt{1 - b^2}}.$$

Nous trouvons deux valeurs pour le *cosinus* et deux valeurs pour la *tangente* : ceci résulte de ce qui a été établi précédemment.

On connait b; à ce nombre correspondent tous les arcs donnés par

$$2k\pi + a \qquad \text{et} \qquad (2k+1)\pi - a,$$

a désignant l'un d'eux (41).

Les arcs $2k\pi + a$ ont tous le même cosinus et la même tangente, qui sont

$$\cos a \qquad \text{et} \qquad \operatorname{tg} a.$$

Les arcs $(2k\pi + 1)\pi - a$ ont tous le même cosinus et la même tangente, qui sont

$$\cos(\pi - a) \qquad \text{et} \qquad \operatorname{tg}(\pi - a),$$

ou (48)

$$-\cos a \qquad \text{et} \qquad -\operatorname{tg} a.$$

Par suite, quand on se donne b, on cherche tous les arcs correspondants et ces arcs ont pour cosinus et pour tangente

$$\cos a \qquad \text{et} \qquad \operatorname{tg} a,$$

ou

$$-\cos a \qquad \text{et} \qquad -\operatorname{tg} a.$$

On peut d'ailleurs encore se rendre compte de l'exis-

tence du double signe en reprenant ce qui a été dit au
nº 41 ; se donner b comme valeur d'un sinus, c'est se donner le vecteur $\overline{OQ}$, auquel correspondent les arcs terminés en M ou en M' (*fig.* 32) ; les premiers ont pour cosinus $\overline{OP}$ et pour tangente $\overline{AT}$; les seconds ont pour cosinus $\overline{OP'} = -\overline{OP}$ et pour tangente $\overline{AT'} = -\overline{AT}$.

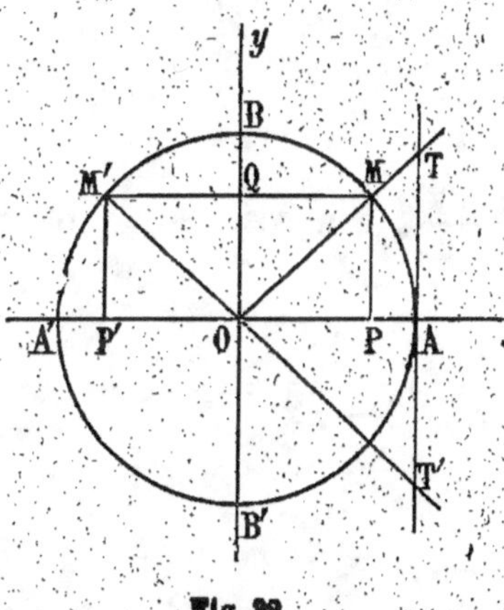

Fig. 32.

II. — Supposons maintenant que l'on se donne, non
seulement la valeur b d'un sinus, mais que l'on précise
l'arc a correspondant ; on devra trouver un seul cosinus
et une seule tangente ; si cet arc a est terminé dans le
premier ou le quatrième quadrant, son cosinus est positif,
on aura alors

$$\cos a = \sqrt{1 - b^2}, \qquad \operatorname{tg} a = \frac{b}{\sqrt{1 - b^2}} ;$$

si l'arc a est terminé dans le second ou le troisième quadrant, son cosinus est négatif :

$$\cos a = -\sqrt{1 - b^2}, \qquad \operatorname{tg} a = \frac{b}{-\sqrt{1 - b^2}}.$$

Exemples. — L'arc de 30° a pour sinus $\frac{1}{2}$; son cosinus
est positif ; on a alors

$$\cos 30° = \sqrt{1 - \frac{1}{4}} = \frac{\sqrt{3}}{2},$$

$$\operatorname{tg} 30^\circ = \frac{\frac{1}{2}}{\frac{\sqrt{3}}{2}} = \frac{1}{\sqrt{3}}.$$

L'arc de 135° a pour sinus $\frac{\sqrt{2}}{2}$; son cosinus est négatif ; on a

$$\cos 135^\circ = -\sqrt{1 - \frac{1}{2}} = \frac{1}{-\sqrt{2}} = \frac{-\sqrt{2}}{2},$$

$$\operatorname{tg} 135^\circ = \frac{\frac{\sqrt{2}}{2}}{\frac{-\sqrt{2}}{2}} = -1.$$

56. Problème II : Connaissant $\cos a$, **calculer** $\sin a$ **et** $\operatorname{tg} a$. — Ce problème est analogue au précédent ; il suffira d'en indiquer rapidement la solution ; si b est le cosinus, on a

$$\sin a = \pm \sqrt{1 - b^2}, \qquad \operatorname{tg} a = \pm \frac{\sqrt{1 - b^2}}{b}.$$

Il y a un double signe et, comme dans le cas précédent, cela tient à ce fait que le cosinus ne détermine pas l'arc ; remarquons d'ailleurs que l'on devra prendre le même signe devant le radical qui figure dans l'expression de $\sin a$ et devant le radical qui figure dans $\operatorname{tg} a$.

Si on connaît l'angle a, le signe est déterminé.

57. Problème III : Connaissant $\operatorname{tg} a$, **calculer** $\sin a$ **et** $\cos a$.

I. — Soit b un nombre quelconque qui représente une

tangente. Si a est un des arcs correspondants, on a, pour calculer $\sin a$ et $\cos a$, les deux relations

$$\begin{cases} \dfrac{\sin a}{\cos a} = b, \\[2ex] \sin^2 a + \cos^2 a = 1. \end{cases}$$

Remplaçant dans la seconde $\sin a$ par sa valeur tirée de la première, on obtient le nouveau système équivalent au précédent

$$\begin{cases} \sin a = b \cos a, \\[2ex] \cos^2 a(1 + b^2) = 1. \end{cases}$$

La seconde équation donne pour $\cos a$ deux valeurs,

$$\frac{1}{\sqrt{1 + b^2}} \quad \text{et} \quad \frac{1}{-\sqrt{1 + b^2}},$$

auxquelles correspondent pour $\sin a$ les deux valeurs

$$\frac{b}{\sqrt{1 + b^2}} \quad \text{et} \quad \frac{b}{-\sqrt{1 + b^2}}.$$

On a donc

$$\sin a = \frac{\operatorname{tg} a}{\pm \sqrt{1 + \operatorname{tg}^2 a}}, \qquad \cos a = \frac{1}{\pm \sqrt{1 + \operatorname{tg}^2 a}},$$

les signes placés devant le radical étant les mêmes dans les deux formules.

L'explication de l'existence d'une double solution est analogue à celle qui a été donnée précédemment ; se donner b, c'est se donner tous les arcs compris dans la formule

$$k\pi + a,$$

a étant l'un quelconque des arcs ayant b pour tangente.

Si k est pair, tous ces arcs ont mêmes lignes trigonométriques que l'arc a; si k est impair, ces arcs ont mêmes lignes trigonométriques que l'arc $\pi + a$: or, on a

$$\cos(\pi + a) = -\cos a, \qquad \sin(\pi + a) = -\sin a.$$

Il y a donc bien pour le cosinus et le sinus qui correspondent à b deux valeurs opposées.

Ceci se voit encore sur le cercle trigonométrique ; b étant donné, on portera le vecteur mesuré par b en AT (*fig*. 33) et les arcs dont b est la tangente sont terminés en M ou en M' ; les cosinus et les sinus se réduisent à deux, qui sont opposés.

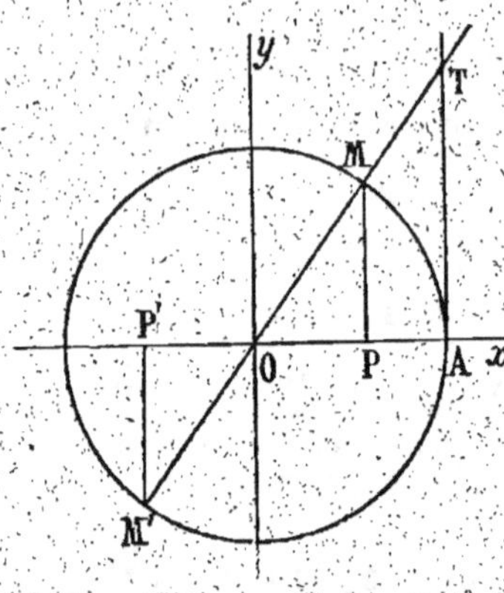

Fig. 33.

II. — Supposons maintenant que l'on précise l'arc dont la tangente est b ; son cosinus et son sinus sont entièrement déterminés ; le signe qui précède le radical est connu ; si cet arc est terminé dans le premier ou le quatrième quadrant, le cosinus est positif et on prendra le signe $+$ devant le radical ; dans le cas contraire, on prendra le signe $-$.

Exemples : L'arc $\dfrac{\pi}{3}$ a pour tangente $\sqrt{3}$; son cosinus est positif ; on a donc

$$\cos\frac{\pi}{3} = \frac{1}{\sqrt{1+3}} = \frac{1}{2},$$

$$\sin \frac{\pi}{3} = \frac{\sqrt{3}}{\sqrt{1+3}} = \frac{\sqrt{3}}{2}.$$

L'arc $\dfrac{5\pi}{6}$ a pour tangente $-\dfrac{1}{\sqrt{3}}$; son cosinus est négatif ; on a donc

$$\cos \frac{5\pi}{6} = \frac{1}{-\sqrt{1+\dfrac{1}{3}}} = -\frac{\sqrt{3}}{2},$$

$$\sin \frac{5\pi}{6} = \frac{-\dfrac{1}{\sqrt{3}}}{-\sqrt{1+\dfrac{1}{3}}} = \frac{1}{2}.$$

58. Remarque. — Dans un grand nombre de questions, la tangente est donnée sous la forme d'un rapport $\dfrac{p}{q}$; les formules qui précèdent prennent une forme qu'il est bon de connaître :

$$\cos a = \frac{1}{\pm \sqrt{1 + \mathrm{tg}^2 a}} = \frac{1}{\pm \sqrt{1 + \dfrac{p^2}{q^2}}} = \frac{q}{\pm \sqrt{p^2 + q^2}},$$

$$\sin a = \cos a \cdot \mathrm{tg}\, a = \frac{p}{\pm \sqrt{p^2 + q^2}}.$$

En faisant sortir q du radical, nous n'avons pas tenu compte de son signe ; cela ne présente ici aucun inconvénient, à cause du double signe placé devant ce radical ; et, d'autre part, la valeur de *sin a* est déduite de celle de *cos a* sans que la question de signe intervienne.

Valeurs de quelques lignes trigonométriques.

59. Nous connaissons déjà les valeurs des lignes trigonométriques des arcs terminés en un des quatre points situés sur Ox et Oy; on peut calculer aisément quelques autres lignes; nous indiquerons les plus simples.

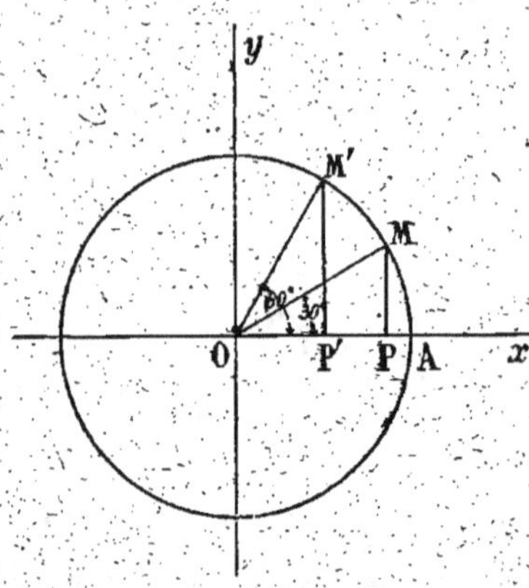

Fig. 34.

Arc de 30°. — Si l'arc AM est de 30°, l'angle au centre AOM a 30° et, dans le triangle rectangle POM, l'hypoténuse est double du plus petit côté (*fig.* 34). Le sinus de cet angle, qui est représenté par MP, est donc $\dfrac{1}{2}$.

Son cosinus est $\sqrt{1 - \dfrac{1}{4}}$ ou $\dfrac{\sqrt{3}}{2}$.

Sa tangente est $\dfrac{\dfrac{1}{2}}{\dfrac{\sqrt{3}}{2}}$ ou $\dfrac{1}{\sqrt{3}}$.

Arc de 60°. — L'arc de 60° est complémentaire de l'arc de 30°; on a donc

$$\sin 60° = \cos 30° = \dfrac{\sqrt{3}}{2}.$$

$$\cos 60° = \sin 30° = \frac{1}{2},$$
$$\operatorname{tg} 60° = \sqrt{3}.$$

On peut d'ailleurs retrouver ces résultats directement en considérant le triangle rectangle OM'P' dans lequel l'angle M' est de 30°; le côté OP' est donc la moitié de l'hypoténuse.

Arc de 45°. — Si l'arc est de 45°, le triangle rectangle OMP est isocèle, et on a

$$OP = MP, \qquad 2\overline{OP}^2 = 1,$$

$$OP = MP = \frac{1}{\sqrt{2}} = \frac{\sqrt{2}}{2}.$$

Le cosinus et le sinus sont égaux à $\dfrac{\sqrt{2}}{2}$ et la tangente est égale à 1.

Nous résumons ces résultats dans le tableau suivant :

ARC	SINUS	COSINUS	TANGENTE
30° ou $\dfrac{100^r}{3}$ ou $\dfrac{\pi}{6}$	$\dfrac{1}{2}$	$\dfrac{\sqrt{3}}{2}$	$\dfrac{1}{\sqrt{3}}$
60° ou $\dfrac{200^r}{3}$ ou $\dfrac{\pi}{3}$	$\dfrac{\sqrt{3}}{2}$	$\dfrac{1}{2}$	$\sqrt{3}$
45° ou 50^r ou $\dfrac{\pi}{4}$	$\dfrac{\sqrt{2}}{2}$	$\dfrac{\sqrt{2}}{2}$	1

60. Remarque. — Les résultats précédents ne sont que des cas particuliers de résultats que l'on obtient à l'aide du théorème suivant :

Le sinus d'un angle $\dfrac{\pi}{n}$ inférieur à un quadrant est la moitié du côté du polygone régulier convexe de n côtés inscrit dans le cercle.

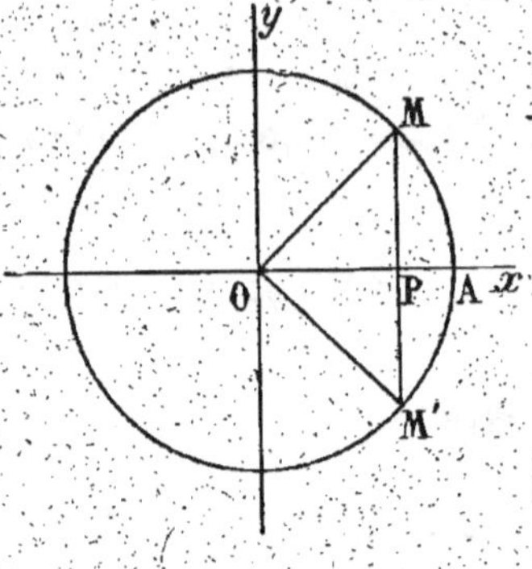

Fig. 35.

Soit MM′ le côté de ce polygone (*fig*. 35); l'angle au centre MOM′ a pour mesure $\dfrac{2\pi}{n}$ et l'angle AOM a pour mesure $\dfrac{\pi}{n}$, A étant le milieu de l'arc MAM′.

La droite MM′ étant perpendiculaire à OA, MP, moitié de MM′, est le sinus de l'angle AOM ou $\dfrac{\pi}{n}$.

Il en résulte que si l'on sait calculer le côté du polygone de n côtés, on connaîtra le sinus et, par suite, toutes les lignes trigonométriques de l'arc $\dfrac{\pi}{n}$.

Les arcs $\dfrac{\pi}{3}$, $\dfrac{\pi}{6}$ et $\dfrac{\pi}{4}$ correspondent au triangle équilatéral, à l'hexagone et au carré.

On a appris en géométrie à calculer le côté d'un polygone de $2n$ côtés, quand on connaît le côté du polygone de n côtés; on sait donc ici calculer les lignes trigonométriques des angles

$$\frac{\pi}{12},\ \frac{\pi}{24},\dots,\qquad \frac{\pi}{8},\ \frac{\pi}{16},\dots$$

EXERCICES

1. Calculer les lignes trigonométriques des arcs suivants en fonctions des lignes de l'arc a :

$$a + 7\pi, \qquad a + \frac{5\pi}{2}, \qquad 3\pi - a, \qquad \frac{7\pi}{2} - a,$$

$$a - 9\pi, \qquad a - \frac{3\pi}{2}, \qquad -a - \frac{3\pi}{2}, \qquad -a - \pi.$$

2. Etant donné un arc α :

1° Trouver tous les arcs dont les cosinus sont égaux à $-\sin \alpha$;
2° Trouver tous les arcs dont les sinus sont égaux à $-\sin \alpha$;
3° Trouver tous les arcs dont les tangentes sont égales à $-\operatorname{tg} \alpha$.

3. Résoudre les équations

$$\sin\left(2x + \frac{\pi}{2}\right) = \cos(\pi - x),$$

$$\sin 3x + \cos\left(\frac{3\pi}{2} + x\right) = 0,$$

$$\sin^2 x = \cos^2 x,$$

$$\sin^2\left(x + \frac{\pi}{4}\right) = \cos^2(\pi - 2x),$$

$$\operatorname{tg}\left(3x - \frac{\pi}{2}\right) + \operatorname{cotg}\left(x - \frac{\pi}{3}\right) = 0.$$

4. Réduire au premier quadrant les arcs

$$175°\,15'\,20'', \qquad 342°\,12'', \qquad -(4542°\,10'\,22''),$$

$$118^{r},45', \qquad 2453^{r}, \qquad -4587^{r},15',$$

$$\frac{15\pi}{7}, \qquad \frac{43\pi}{5}, \qquad -\frac{32\pi}{9}$$

et indiquer les relations qui existent entre ces arcs et les arcs correspondants du premier quadrant.

5. Un arc terminé dans le second quadrant a pour sinus $\frac{1}{5}$; calculer ses lignes trigonométriques.

6. Un arc terminé dans le troisième quadrant a pour carré de son cosinus 0,36 ; trouver ses lignes trigonométriques.

7. Exprimer toutes les lignes trigonométriques d'un arc en fonctions de sa cotangente ; expliquer les résultats.

8. Démontrer que les expressions
$$\sin^8 a + \cos^8 a - 2(1 - \sin^2 a \cos^2 a)^2,$$
$$2(\cos^6 a + \sin^6 a) - 3(\cos^4 a + \sin^4 a)$$
sont indépendantes de a.

9. Quelles relations existent entre les arcs x et y tels que l'on ait :

1° $\sin x = \dfrac{a - b}{a + b}$, $\cos y = \dfrac{2\sqrt{ab}}{a + b}$;

2° $\sin x = \dfrac{a}{b}$, $\cotg y = \dfrac{a}{\sqrt{b^2 - a^2}}$.

10. Vérifier que la différence
$$\arcsin\sqrt{\frac{x}{x + a}} - \arctg\sqrt{\frac{x}{a}}$$
est indépendante de x.

11. Trouver tous les arcs dont le sinus est égal :
1° à la tangente ;
2° à la cosécante ;
3° au produit de la cosécante par m. Discuter. — Appliquer aux cas de $m = \dfrac{3}{4}$, $m = \dfrac{1}{2}$, $m = \dfrac{1}{4}$.

12. Calculer les lignes trigonométriques des angles de
$$\frac{\pi}{8}, \qquad 112°,30', \qquad -25^r,$$
$$15°, \qquad \frac{7\pi}{6}, \qquad \frac{325^r}{3}.$$

CHAPITRE IV

ADDITION, SOUSTRACTION ET MULTIPLICATION
DES ARCS

Théorème des projections.

61. Projection d'un vecteur sur un axe (*). — Considérons dans un plan un vecteur $\overline{AB}$ (*fig*. 36) et soit X'X un axe situé dans ce plan; si l'on projette orthogonalement A et B en a et b sur cet axe, en abaissant des points A et B les perpendiculaires

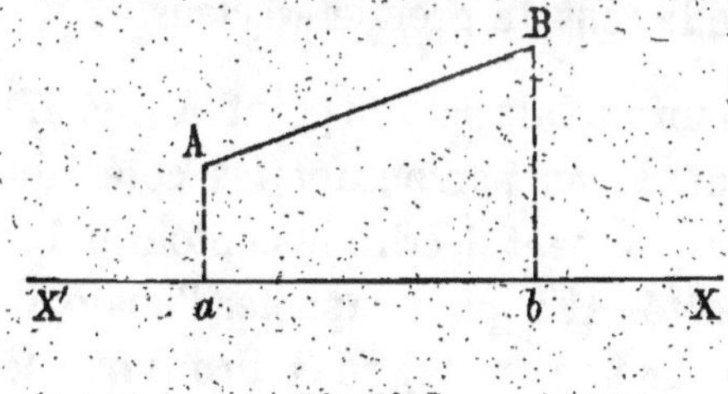

Fig. 36.

Aa et Bb sur X'X, on détermine un vecteur $\overline{ab}$, qui est appelé la *projection du vecteur* $\overline{AB}$.

62. Contour polygonal. — Nous appellerons *contour*

(*) Nous ne donnons ici que ce qui est nécessaire pour notre objet; pour la généralisation de ces notions, voir le *Traité de mécanique* de M. GUICHARD.

polygonal, une ligne brisée que nous supposons parcourue par un mobile dans un sens déterminé, le mobile partant d'une extrémité de la ligne ou d'un sommet pris pour origine, si le contour est fermé, et parcourant successivement tous les côtés ; ainsi la ligne polygonale ABCDEFA (*fig.* 37) sera un *contour polygonal*, si on la suppose parcourue par un mobile partant de A, décrivant le côté AB, puis le côté BC, et ainsi de suite, pour revenir au point A après avoir décrit le côté FA.

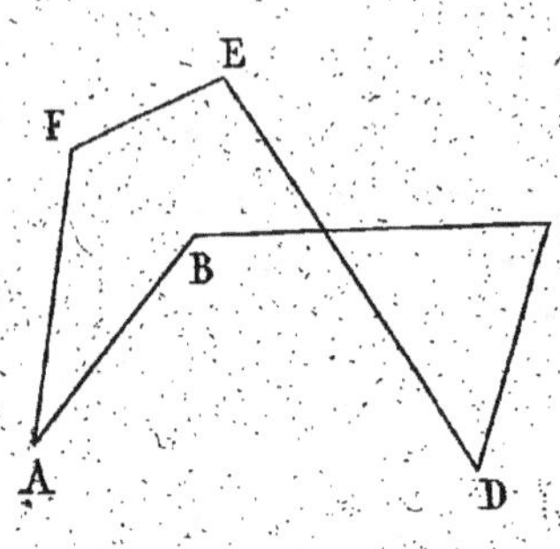

Fig. 37.

Le contour polygonal est à la ligne brisée ce que le vecteur est à la longueur ; les côtés du contour polygonal sont d'ailleurs des vecteurs dont le sens de parcours est défini dès que l'on s'est donné le sens du premier vecteur.

63. Résultante. — Si un mobile part du point A (*fig.* 37) il peut arriver au point F en parcourant les côtés du polygone de deux façons : il peut décrire le contour polygonal ABCDEF ou le côté AF ; pour rappeler l'analogie avec les vecteurs situés sur une droite, nous dirons que le vecteur $\overline{AF}$ est la *résultante* ou la *somme géométrique* des vecteurs $\overline{AB}$, $\overline{BC}$, $\overline{CD}$, $\overline{DE}$, $\overline{EF}$.

On dit aussi que le contour polygonal fermé a une *résultante nulle* ; cela revient à considérer comme résultante, conformément à ce qui précède, le vecteur nul dont l'origine et l'extrémité sont confondues en A.

64. Théorème des projections. — *La projection de la*

résultante de plusieurs vecteurs est la somme géométrique des projections de ces vecteurs.

Soit $\overline{AD}$ (*fig.* 38) la résultante des vecteurs $\overline{AB}$, $\overline{BC}$, $\overline{CD}$; si l'on projette les points A, B, C, D en a, b, c, d sur l'axe X'X, on a

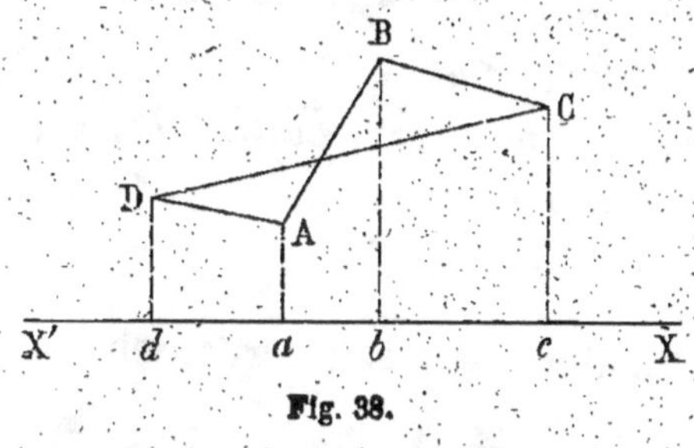

$$\overline{ab} = \text{proj. } \overline{AB},$$
$$\overline{bc} = \text{proj. } \overline{BC},$$
$$\overline{cd} = \text{proj. } \overline{CD},$$
$$\overline{ad} = \text{proj. } \overline{AD}.$$

Fig. 38.

D'autre part, on sait que, par définition, $\overline{ad}$ est la somme géométrique des vecteurs $\overline{ab}$, $\overline{bc}$, $\overline{cd}$; la projection $\overline{ad}$ de la résultante $\overline{AD}$ des vecteurs $\overline{AB}$, $\overline{BC}$, $\overline{CD}$ est donc la somme géométrique des projections de ces vecteurs.

Remarque. — Si l'on considère la somme géométrique des vecteurs $\overline{ab}$, $\overline{bc}$, $\overline{cd}$, $\overline{da}$, elle est un vecteur nul; on peut donc énoncer encore le théorème précédent sous une autre forme :

La somme géométrique des projections des vecteurs d'un contour polygonal fermé est un vecteur nul.

65. Énoncé algébrique du théorème des projections. — *La projection de la résultante de plusieurs vecteurs a pour mesure la somme des nombres qui mesurent les projections de ces vecteurs.*

Supposons que l'on ait choisi sur l'axe X'X un sens positif; les projections $\overline{ab}$, $\overline{bc}$, $\overline{cd}$ et $\overline{ad}$ des vecteurs

$\overline{AB}$, $\overline{BC}$, $\overline{CD}$ et de leur résultante $\overline{AD}$ seront mesurées par des nombres positifs ou négatifs β, γ, δ et α; d'après la théorie de ces nombres, α qui mesure la somme géométrique $\overline{ad}$ est la somme algébrique des nombres β, γ, δ qui mesurent les vecteurs $\overline{ab}$, $\overline{bc}$, $\overline{cd}$; on a donc bien

$$\alpha = \beta + \gamma + \delta,$$

ou, en représentant ces nombres par $\overline{ad}$, $\overline{ab}$, $\overline{bc}$, $\overline{cd}$, comme nous le ferons dorénavant,

$$\overline{ad} = \overline{ab} + \overline{bc} + \overline{cd}.$$

Remarque. — Cette relation peut être écrite sous la forme suivante

$$\overline{ab} + \overline{bc} + \overline{cd} + \overline{da} = 0,$$

puisque $\overline{da}$ et $\overline{ad}$ sont des nombres opposés; on a ainsi la forme algébrique du second énoncé du théorème des projections :

La somme des nombres qui mesurent les projections des vecteurs d'un contour polygonal fermé est nulle.

66. **Mesure de la projection d'un vecteur sur un axe.** — Soient un axe X'X (*fig.* 39) sur lequel on a choisi un sens positif de X' vers X, et un vecteur. $\overline{AB}$ porté lui-même sur un axe YY' sur lequel on a choisi un sens positif, celui de Y' vers Y, par exemple. Prenons sur cet axe le vecteur positif $\overline{OM}$ mesuré par $+1$ et projetons les points M, A, B en P, a, b; les projetantes étant parallèles on peut écrire

$$\frac{ab}{OP} = \frac{AB}{OM}.$$

D'autre part, si $\overline{AB}$ et $\overline{OM}$ ont même sens, il en est de même de $\overline{ab}$ et $\overline{OP}$; si $\overline{AB}$ et $\overline{OM}$ ont des sens différents, il en est de même de $\overline{ab}$ et $\overline{OP}$; de sorte que les nombres

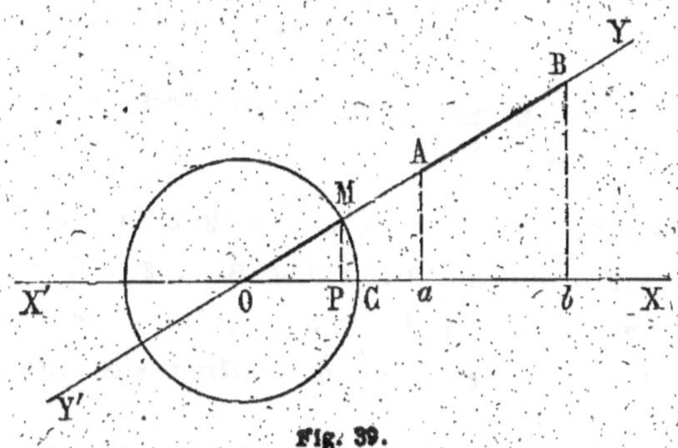

Fig. 39.

$\overline{ab}$ et $\overline{OP}$, $\overline{AB}$ et $\overline{OM}$ ont en même temps même signe ou des signes différents; les rapports

$$\frac{\overline{ab}}{\overline{OP}} \qquad \text{et} \qquad \frac{\overline{AB}}{\overline{OM}}$$

sont donc en même temps positifs ou en même temps négatifs; comme ils ont même valeur absolue, ils sont égaux :

$$\frac{\overline{ab}}{\overline{OP}} = \frac{\overline{AB}}{\overline{OM}},$$
$$\overline{ab} = \overline{AB}.\overline{OP},$$

puisque $\overline{OM} = +1$.

$\overline{OP}$ est d'ailleurs le *cosinus de l'arc* CM du cercle trigonométrique ou le *cosinus de l'angle* OX, OY ; on a donc la relation

$$\overline{ab} = \overline{AB}\cos(OX, OY).$$

Le nombre qui mesure la projection d'un vecteur sur un axe est égal au produit du nombre qui mesure ce vecteur par le cosinus de l'angle formé par la direction positive de l'axe de projection et la direction positive de l'axe sur lequel est porté le vecteur.

Addition et soustraction des arcs.

67. Problème général. — Le problème de l'addition ou de la soustraction des arcs consiste dans le calcul des lignes trigonométriques de la somme algébrique de plusieurs arcs bien déterminés, en fonctions rationnelles des lignes trigonométriques de ces arcs.

Nous traiterons ce problème uniquement pour le sinus, le cosinus et la tangente, puisque les autres lignes sont immédiatement connues, quand on sait calculer les premières.

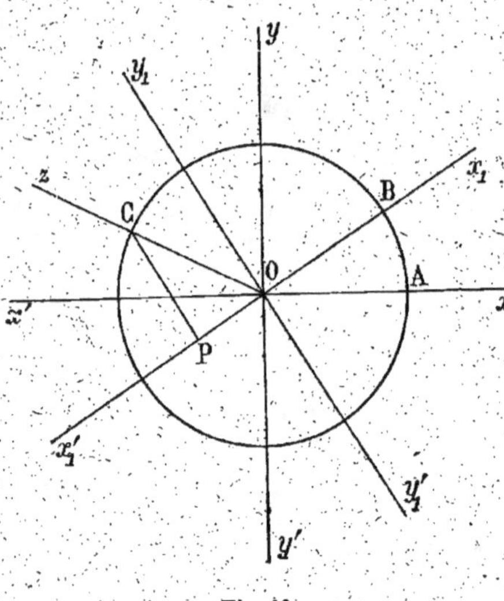

Fig. 40.

68. Calcul de cos $(a + b)$. — Soient $x'Ox$, $y'Oy$ (fig. 40) les deux axes de projections rectangulaires qui servent d'axes des cosinus et des sinus pour les arcs qui ont pour origine le point A du cercle trigonométrique ; soit B l'extrémité de l'arc a dont l'origine est A ; portant à partir de B l'arc b, nous obtenons comme extrémité de cet arc un point C et l'arc d'origine A et de valeur $a + b$ est terminé en C; c'est le cosinus de l'arc AC qu'il s'agit de calculer.

A cet effet, je remarque que si l'on trace l'axe $x_1'Ox_1$ qui passe par B, dont le sens positif est le sens OB, et l'axe $y_1'Oy_1$ dont la direction positive Oy_1 est telle que

$$\widehat{Ox_1, Oy_1} = \frac{\pi}{2},$$

ces deux axes peuvent être considérés comme axes des cosinus et des sinus pour les arcs dont l'origine est le point B; de telle sorte que si l'on projette C en P sur l'axe $x_1'Ox_1$, on a

$$\overline{OP} = \cos \widehat{BC}, \qquad \overline{PC} = \sin \widehat{BC},$$
$$\overline{OP} = \cos b, \qquad \overline{PC} = \sin b.$$

Projetons maintenant le contour polygonal OPC et sa résultante $\overline{OC}$ sur l'axe $x'Ox$; on a, d'après le théorème des projections :

$$\text{proj.} \ \overline{OC} = \text{proj.} \ \overline{OP} + \text{proj.} \ \overline{PC},$$

et

$$\text{proj.} \ \overline{OC} = \overline{OC} \cos \widehat{Ox, Oz},$$
$$\text{proj.} \ \overline{OP} = \overline{OP} \cos \widehat{Ox, Ox_1},$$
$$\text{proj.} \ \overline{PC} = \overline{PC} \cos \widehat{Ox, Oy_1},$$

ou

$$\text{proj.} \ \overline{OC} = \cos (a + b),$$
$$\text{proj.} \ \overline{OP} = \cos b . \cos a,$$
$$\text{proj.} \ \overline{PC} = \sin b . \cos \widehat{Ox, Oy_1}.$$

La relation de Chasles permet de calculer $\widehat{Ox, Oy_1}$:

$$\widehat{Ox, Oy_1} = \widehat{Ox, Ox_1} + \widehat{Ox_1, Oy_1} + 2k\pi,$$

$$\widehat{Ox, Oy_1} = a + \frac{\pi}{2}.$$

On a donc finalement

$$\cos(a + b) = \cos a . \cos b + \sin b . \cos\left(\frac{\pi}{2} + a\right),$$

ou, en remplaçant $\cos\left(\frac{\pi}{2} + a\right)$ par sa valeur $-\sin a$,

$$\cos(a + b) = \cos a . \cos b - \sin a \sin b.$$

REMARQUE. — La relation que nous venons d'établir est générale et les raisonnements qui y conduisent ne supposent rien sur les arcs a et b ; nous avons mis en évidence à l'aide de la figure les divers éléments de l'arc b afin qu'on puisse mieux se rendre compte de la suite des calculs ; il sera utile, après s'être bien pénétré de la méthode employée, de refaire la démonstration en appliquant uniquement le théorème des projections sans s'occuper de reconnaître quel est l'axe des cosinus ou des sinus des arcs ayant B pour origine ; on appliquera la relation

$$\text{proj. } \overline{OC} = \text{proj. } \overline{OP} + \text{proj. } \overline{PC}$$

successivement à l'axe Ox, à l'axe Ox_1, à l'axe Oy_1, en calculant les angles qui interviennent à l'aide de la relation de Chasles.

69. Calcul de $\cos(a - b)$. — La relation précédente peut s'écrire, en écrivant b' au lieu de b,

$$\cos(a + b') = \cos a \cos b' - \sin a \sin b'.$$

Posons $b' = -b$, il vient

$$\cos(a - b) = \cos a \cos(-b) - \sin a \sin(-b).$$

Mais on a vu que

$$\cos(-b) = \cos b,$$

$$\sin(-b) = -\sin b.$$

On peut donc écrire

$$\cos(a-b) = \cos a \cos b + \sin a \sin b;$$

70. Calcul de $\sin(a+b)$. — Écrivons la relation précédente en remplaçant a par a'

$$\cos(a'-b) = \cos a' \cos b + \sin a' \sin b,$$

posons $a' = \dfrac{\pi}{2} - a$; il vient

$$\cos\left(\frac{\pi}{2} - a - b\right) = \cos\left(\frac{\pi}{2} - a\right)\cos b$$

$$+ \sin\left(\frac{\pi}{2} - a\right)\sin b,$$

ou, en remarquant que dans deux arcs complémentaires les sinus et les cosinus s'échangent,

$$\sin(a+b) = \sin a \cos b + \sin b \cos a.$$

71. Calcul de $\sin(a-b)$. — Écrivons la relation précédente en remplaçant b par b'

$$\sin(a+b') = \sin a \cos b' + \sin b' \cos a,$$

et posons $b' = -b$:

$$\sin(a-b) = \sin a \cos(-b) + \sin(-b)\cos a,$$

ou

$$\sin(a-b) = \sin a \cos b - \sin b \cos a.$$

72. Calcul de $\operatorname{tg}(a+b)$. — Ce calcul résulte des précédents, puisque $\operatorname{tg}(a+b)$ est le rapport de $\sin(a+b)$

à $\cos(a+b)$; toutefois, il est intéressant d'exprimer $\operatorname{tg}(a+b)$ en fonction de $\operatorname{tg} a$ et de $\operatorname{tg} b$ seulement; à cet effet, écrivons

$$\operatorname{tg}(a+b) = \frac{\sin(a+b)}{\cos(a+b)} = \frac{\sin a \cos b + \sin b \cos a}{\cos a \cos b - \sin a \sin b}.$$

Divisons les deux termes de cette fraction par $\cos a . \cos b$

$$\operatorname{tg}(a+b) = \frac{\dfrac{\sin a}{\cos a} + \dfrac{\sin b}{\cos b}}{1 - \dfrac{\sin a}{\cos a} \cdot \dfrac{\sin b}{\cos b}} = \frac{\operatorname{tg} a + \operatorname{tg} b}{1 - \operatorname{tg} a \operatorname{tg} b}.$$

73. Calcul de $\operatorname{tg}(a-b)$. — L'expression de $\operatorname{tg}(a-b)$ peut être déduite des expressions de $\sin(a-b)$ et $\cos(a-b)$; écrivons

$$\operatorname{tg}(a-b) = \frac{\sin(a-b)}{\cos(a-b)} = \frac{\sin a \cos b - \sin b \cos a}{\cos a \cos b + \sin a \sin b},$$

et divisons les deux termes de la fraction par $\cos a . \cos b$

$$\operatorname{tg}(a-b) = \frac{\dfrac{\sin a}{\cos a} - \dfrac{\sin b}{\cos b}}{1 + \dfrac{\sin a}{\cos a} \cdot \dfrac{\sin b}{\cos b}} = \frac{\operatorname{tg} a - \operatorname{tg} b}{1 + \operatorname{tg} a \operatorname{tg} b}.$$

On peut aussi déduire cette formule de la précédente, en y changeant b en $-b$.

74. Remarque. — Ces formules résolvent tous les problèmes d'addition, quel que soit le nombre des arcs; ainsi, s'il s'agit de calculer les lignes de l'arc $a+b-c+d$, on calculera les lignes de l'arc $a+b=\alpha$, puis celles de l'arc $\alpha - c = \beta$ et enfin celles de l'arc

$$\beta + d = a + b - c + d.$$

Multiplication des arcs.

75. Le problème de la multiplication des arcs consiste dans la *recherche des lignes trigonométriques d'un arc multiple d'un autre arc a dont on donne les lignes trigonométriques*. Comme dans le problème de l'addition, on pourrait exprimer ces lignes de plusieurs manières, suivant que l'on voudrait introduire l'une ou l'autre des lignes de l'arc a; mais, ici encore, nous nous bornerons à introduire des lignes telles que l'expression trouvée soit rationnelle.

76. **Calcul de** $\sin 2a$. — La valeur de $\sin(a+b)$ est donnée par

$$\sin(a+b) = \sin a \cos b + \sin b \cos a.$$

Faisons dans cette formule $b = a$:

$$\sin 2a = \sin a \cos a + \sin a \cos a = 2\sin a \cos a.$$

77. **Calcul de** $\cos 2a$. — Si dans la formule

$$\cos(a+b) = \cos a \cos b - \sin a \sin b,$$

on fait $b = a$, on trouve

$$\cos 2a = \cos^2 a - \sin^2 a.$$

On peut donner à cette expression de $\cos 2a$ d'autres formes, en remplaçant soit $\sin^2 a$ par $1 - \cos^2 a$, soit

$\cos^2 a$ par $1 - \sin^2 a$; on a ainsi

$$\cos 2a = \cos^2 a - (1 - \cos^2 a) = 2\cos^2 a - 1,$$

$$\cos 2a = (1 - \sin^2 a) - \sin^2 a = 1 - 2\sin^2 a.$$

78. Calcul de tg $2a$. — Si dans la formule

$$\operatorname{tg}(a + b) = \frac{\operatorname{tg} a + \operatorname{tg} b}{1 - \operatorname{tg} a \operatorname{tg} b},$$

on fait $b = a$, on trouve

$$\operatorname{tg} 2a = \frac{2\operatorname{tg} a}{1 - \operatorname{tg}^2 a}.$$

79. REMARQUE. — On pourrait de même calculer les lignes trigonométriques des arcs $3a$, $4a$, ..., en se servant des formules d'addition et de multiplication; il suffit de considérer $3a$ comme somme de a et $2a$, $4a$ comme égal à $2.(2a)$, etc.

80. Théorème. — *Toutes les lignes trigonométriques d'un arc s'expriment rationnellement en fonction de la tangente de l'arc moitié.*

Ce théorème est immédiat pour la tangente; si en effet, dans la formule

$$\operatorname{tg} 2a' = \frac{2\operatorname{tg} a'}{1 - \operatorname{tg}^2 a'},$$

on fait $a' = \dfrac{a}{2}$, elle devient

$$\operatorname{tg} a = \frac{2\operatorname{tg} \dfrac{a}{2}}{1 - \operatorname{tg}^2 \dfrac{a}{2}}.$$

Examinons le cas du sinus ; la formule

$$\sin 2a' = 2 \sin a' \cos a'$$

devient, en y faisant $a' = \dfrac{a}{2}$ et en remarquant que l'on a

$$\sin^2 \frac{a}{2} + \cos^2 \frac{a}{2} = 1,$$

$$\sin a = \frac{2 \sin \dfrac{a}{2} \cos \dfrac{a}{2}}{\sin^2 \dfrac{a}{2} + \cos^2 \dfrac{a}{2}},$$

ou en divisant les deux termes de la fraction par $\cos^2 \dfrac{a}{2}$,

$$\sin a = \frac{2 \dfrac{\sin \dfrac{a}{2}}{\cos \dfrac{a}{2}}}{1 + \dfrac{\sin^2 \dfrac{a}{2}}{\cos^2 \dfrac{a}{2}}} = \frac{2 \operatorname{tg} \dfrac{a}{2}}{1 + \operatorname{tg}^2 \dfrac{a}{2}}.$$

Relativement au cosinus, nous partirons de la formule

$$\cos 2a' = \cos^2 a' - \sin^2 a',$$

qui devient, en y remplaçant a' par $\dfrac{a}{2}$,

$$\cos a = \cos^2 \frac{a}{2} - \sin^2 \frac{a}{2} = \frac{\cos^2 \dfrac{a}{2} - \sin^2 \dfrac{a}{2}}{\cos^2 \dfrac{a}{2} + \sin^2 \dfrac{a}{2}},$$

ou, en divisant les termes de la fraction par $\cos^2 \dfrac{a}{2}$,

$$\cos a = \frac{1 - \dfrac{\sin^2 \dfrac{a}{2}}{\cos^2 \dfrac{a}{2}}}{1 + \dfrac{\sin^2 \dfrac{a}{2}}{\cos^2 \dfrac{a}{2}}} = \frac{1 - \operatorname{tg}^2 \dfrac{a}{2}}{1 + \operatorname{tg}^2 \dfrac{a}{2}}.$$

En résumé, les lignes de l'arc a sont des fonctions rationnelles de $\operatorname{tg} \dfrac{a}{2}$ et on a

$$\sin a = \frac{2 \operatorname{tg} \dfrac{a}{2}}{1 + \operatorname{tg}^2 \dfrac{a}{2}}, \qquad \cos a = \frac{1 - \operatorname{tg}^2 \dfrac{a}{2}}{1 + \operatorname{tg}^2 \dfrac{a}{2}}.$$

$$\operatorname{tg} a = \frac{2 \operatorname{tg} \dfrac{a}{2}}{1 - \operatorname{tg}^2 \dfrac{a}{2}}.$$

REMARQUE. — Il était facile de prévoir que l'on devait trouver pour ces lignes une seule valeur ; en effet, si $\dfrac{\alpha}{2}$ est un arc qui correspond à la tangente donnée, tous les arcs $\dfrac{a}{2}$ sont

$$\frac{a}{2} = k\pi + \frac{a}{2}.$$

Les arcs a, donnés par l'expression $2k\pi + \alpha$, ont toutes leurs lignes trigonométriques égales à celles de l'arc a bien déterminé.

EXERCICES

1. Etablir directement les formules qui donnent $\sin(a+b)$, $\cos(a-b)$, $\sin(a-b)$.

2. Calculer $\cos(a+b+c)$, $\sin(a+b+c)$.

3. Démontrer que si l'on considère n arcs $a, b, \ldots, k, l$, et si l'on désigne par $s_1, s_2, \ldots, s_n$ la somme des tangentes de ces arcs, la somme des produits deux à deux de ces tangentes, etc..., on a

$$\cos(a+b+\ldots+l) = \cos a \cos b \ldots \cos l[1 - s_2 + s_4 + \ldots],$$
$$\sin(a+b+\ldots+l) = \cos a \cos b \ldots \cos l[s_1 - s_3 + s_5 + \ldots],$$
$$\operatorname{tg}(a+b+\ldots+l) = \frac{s_1 - s_3 + s_5 \ldots}{1 - s_2 + s_4 \ldots}.$$

On vérifiera ces formules pour trois arcs et admettant qu'elles sont vraies pour $n-1$ arcs, on établira qu'elles s'appliquent à n arcs.

4. Calculer $\cos 3a$, $\sin 3a$, $\operatorname{tg} 3a$; $\cos 4a$, $\sin 4a$, $\operatorname{tg} 4a$.

5. Calculer $\cos 3a$ en fonction de $\cos a$, $\sin 3a$ en fonction de $\sin a$; expliquer a priori pourquoi les expressions trouvées ne fournissent qu'une valeur.

6. Calculer $\cos 3a$ en fonction de $\sin a$, $\sin 3a$ en fonction de $\cos a$; expliquer pourquoi l'on trouve deux valeurs.

7. Calculer les lignes trigonométriques de l'arc $75°$, en partant de la relation $75 = 45 + 30$.

8. Calculer les lignes trigonométriques de l'arc $15°$, en partant de la relation $15 = 60 - 45$ ou de la relation $15 = 45 - 30$.

9. Calculer les lignes trigonométriques des arcs $105°$, $165°$, $285°$.

10. Un arc a pour sinus $\frac{1}{2}$; un autre a pour sinus $\frac{\sqrt{6}-\sqrt{2}}{4}$; calculer le sinus, le cosinus et la tangente de la somme ou de la différence de ces arcs; combien trouve-t-on de valeurs?

11. On donne $\operatorname{tg} a = 3$; calculer $\sin 2a$ et $\cos 2a$; calculer $\sin 3a$ et $\cos 3a$; calculer $\sin 4a$ et $\cos 4a$; expliquer pourquoi on trouve dans certains cas une valeur, dans d'autres deux valeurs; si a est supposé inférieur à 90°, on trouve toujours une seule valeur.

12. Vérifier les égalités :
$$\cos (a+b) \cos (a-b) = \cos^2 a - \sin^2 b = \cos^2 b - \sin^2 a,$$
$$\sin (a+b) \sin (a-b) = 1 - \cos^2 a - \sin^2 b,$$
$$\sin a \sin (b-c) + \sin b \sin (c-a) + \sin c \sin (a-b) = 0,$$
$$\cos a \sin (b-c) + \cos b \sin (c-a) + \cos c \sin (a-b) = 0,$$
$$\operatorname{tg} (a-b) = \frac{\sin^2 a - \sin^2 b}{\sin a \cos a + \sin b \cos b}.$$

13. Si l'on a $a+b+c = 180°$, montrer que l'on a
$$\operatorname{tg} a + \operatorname{tg} b + \operatorname{tg} c = \operatorname{tg} a \operatorname{tg} b \operatorname{tg} c.$$

14. Si l'on a $a+b+c = 90°$, montrer que l'on a
$$\operatorname{tg} a \operatorname{tg} b + \operatorname{tg} b \operatorname{tg} c + \operatorname{tg} c \operatorname{tg} a = 1.$$

15. Vérifier la relation
$$\operatorname{tg} (a-b) + \operatorname{tg} (b-c) + \operatorname{tg} (c-d) + \operatorname{tg} (d-a)$$
$$- \operatorname{tg} (b-c) \operatorname{tg} (c-d) \operatorname{tg} (d-a) - \operatorname{tg} (c-d) \operatorname{tg} (d-a) \operatorname{tg} (a-b)$$
$$- \operatorname{tg} (d-a) \operatorname{tg} (a-b) \operatorname{tg} (b-c) - \operatorname{tg} (a-b) \operatorname{tg} (b-c) \operatorname{tg} (c-d) = 0.$$

16. Si l'on a $a+b+c = 180°$, on a
$$\cos^2 a + \cos^2 b + \cos^2 c + 2 \cos a \cos b \cos c - 1 = 0,$$
$$\cos a \sin b \sin c + \cos b \sin c \sin a + \cos c \sin a \sin b = 1 + \cos a \cos b \cos c,$$
$$\sin 2a + \sin 2b + \sin 2c = 4 \sin a \sin b \sin c,$$
$$\sin 4a + \sin 4b + \sin 4c = -4 \sin 2a \sin 2b \sin 2c,$$
$$\operatorname{cotg} a + \operatorname{cotg} b + \operatorname{cotg} c = \operatorname{cotg} a \operatorname{cotg} b \operatorname{cotg} c + \operatorname{coséc} a \operatorname{coséc} b \operatorname{coséc} c.$$

17. Démontrer les formules

$$\frac{\pi}{2} = \text{arc sin } \frac{3}{5} + \text{arc sin } \frac{4}{5},$$

$$\frac{\pi}{4} = \text{arc tg } \frac{1}{7} + 2 \text{ arc tg } \frac{1}{3},$$

$$\frac{\pi}{4} = \text{arc tg } \frac{1}{2} + \text{arc tg } \frac{1}{5} + \text{arc tg } \frac{1}{8},$$

$$\frac{\pi}{4} = \text{arc tg } \frac{1}{5} - \text{arc tg } \frac{1}{70} + \text{arc tg } \frac{1}{99},$$

$$\frac{\pi}{4} = 4 \text{ arc tg } \frac{1}{5} - \text{arc tg } \frac{1}{239},$$

en supposant que les arcs qui y figurent soient inférieurs à $\frac{\pi}{2}$ et positifs ; que deviennent ces relations si les arcs ne sont pas compris entre 0 et $\frac{\pi}{2}$?

18. Quels sont les arcs égaux aux sommes

$$\text{arc tg } \sqrt{3} + \text{arc tg } \frac{\sqrt{3}}{3},$$

$$\text{arc tg } \frac{1}{3} + \text{arc tg } \frac{1}{5} + \text{arc tg } \frac{1}{7} + \text{arc tg } \frac{1}{8},$$

$$4 \text{ arc tg } \frac{1}{5} - \text{arc tg } \frac{1}{239} ?$$

Dans ces deux exercices, on désignera les arcs par α, β, ..., et on déduira des relations entre arcs d'autres relations entre lignes trigonométriques, ou inversement, on appliquera alors les formules d'addition ou de multiplication.

19. Vérifier les relations

$$\sin 3a = 4 \sin a \sin \left(\frac{\pi}{3} + a \right) \sin \left(\frac{\pi}{3} - a \right),$$

$$\text{tg} \left(\frac{\pi}{4} - a \right) = \sqrt{\frac{1 - \sin 2a}{1 + \sin 2a}},$$

$$\frac{1 - \text{tg}^2 \left(\frac{\pi}{4} - a \right)}{1 + \text{tg}^2 \left(\frac{\pi}{4} + a \right)} = \sin 2a.$$

20. Deux arcs θ et u étant liés par la relation

$$(1 + e \cos \theta)(1 - e \cos u) = 1 - e^2,$$

montrer que l'on a $\quad \operatorname{tg}^2 \dfrac{\theta}{2} = \dfrac{1+e}{1-e} \operatorname{tg}^2 \dfrac{x}{2}.$

21. Si l'on pose $\quad \operatorname{tg} 2a = \dfrac{2B}{A-C},\quad$ calculer

$$A \cos^2 a + 2B \sin a \cos a + C \sin^2 a,$$
$$A \sin^2 a - 2B \sin a \cos a + C \cos^2 a,$$

a étant compris entre 0 et $\dfrac{\pi}{2}$.

22. Résoudre les équations

$$\operatorname{tg}\left(\dfrac{\pi}{4} - x\right) + \operatorname{cotg}\left(\dfrac{\pi}{4} - x\right) = 4,$$
$$\sin x + \sin 2x + \sin 3x = 0,$$
$$2 \sin^2 x - 3 \sin x + 1 = 0.$$

Dans ces exercices, on exprime toutes les lignes à l'aide de l'une d'entre elles et on a à résoudre une équation algébrique.

23. On considère les arcs x vérifiant les équations

$$6 \sin^2 x - 5 \sin x + 1 = 0,$$
$$5 \cos^2 x + 6 \sin x + 6 = 0,$$
$$\cos 2x - 4 \cos x - 5 = 0,$$
$$\operatorname{tg}^2 x - 8 \operatorname{tg} x + 15 = 0,$$
$$\operatorname{tg}^2 x - 4 \operatorname{tg} x - 1 = 0.$$

Construire les extrémités de ces arcs et calculer les valeurs de $\sin 2x$, $\cos 2x$, $\operatorname{tg} 2x$ correspondantes.

24. Résoudre le système

$$x \sin a + y \sin 2a = \sin 3a,$$
$$x \sin 3a + y \sin 6a = \sin 9a.$$

25. Démontrer que si les angles θ et φ vérifient la relation

$$l \sin \theta \sin \varphi + m \cos \varphi \cos \theta = 0,$$

l'expression

$$\dfrac{1}{l \sin^2 \theta + m \cos^2 \theta} + \dfrac{1}{l \sin^2 \varphi + m \cos^2 \varphi}$$

est indépendante de φ et de θ.

CHAPITRE V

FORMULES DE TRANSFORMATION

---

81. Les valeurs des lignes trigonométriques des différents arcs sont fournies par des tables dans lesquelles on a inscrit non pas les valeurs elles-mêmes, mais leurs logarithmes ; c'est qu'en effet, dans les calculs, il y a le plus souvent avantage à opérer à l'aide de logarithmes ; mais, pour que ceci soit possible, il faut que dans les expressions que l'on veut calculer ne figurent que les signes opératoires autres que ceux de l'addition et de la soustraction. Nous allons montrer comment cette condition peut toujours être remplie, en introduisant au besoin des quantités auxiliaires ; nous commencerons par indiquer des formules permettant de transformer en produits des sommes de sinus, de cosinus ou de tangentes.

82. Transformation d'une somme ou d'une différence de sinus ou de cosinus. — Nous partirons des relations

$$(1) \qquad \sin(a+b) = \sin a \cos b + \sin b \cos a,$$

$$(2) \qquad \sin(a-b) = \sin a \cos b - \sin b \cos a,$$

$$(3) \qquad \cos(a+b) = \cos a \cos b - \sin a \sin b,$$

$$(4) \qquad \cos(a-b) = \cos a \cos b + \sin a \sin b.$$

Ajoutant et retranchant les relations (1) et (2) membre à membre, puis les relations (3) et (4), on trouve

$$(I) \begin{cases} \sin(a+b) + \sin(a-b) = 2\sin a \cos b, \\ \sin(a+b) - \sin(a-b) = 2\sin b \cos a, \\ \cos(a+b) + \cos(a-b) = 2\cos a \cos b, \\ \cos(a+b) - \cos(a-b) = -2\sin a \sin b \\ \text{ou } \cos(a-b) - \cos(a+b) = 2\sin a \sin b. \end{cases}$$

Posant

$$a + b = p, \qquad a - b = q,$$

on en déduit

$$a = \frac{p+q}{2}, \qquad b = \frac{p-q}{2},$$

et les formules précédentes peuvent être mises sous la forme

$$(II) \begin{cases} \sin p + \sin q = 2\sin \dfrac{p+q}{2} \cos \dfrac{p-q}{2}, \\[2mm] \sin p - \sin q = 2\sin \dfrac{p-q}{2} \cos \dfrac{p+q}{2}, \\[2mm] \cos p + \cos q = 2\cos \dfrac{p+q}{2} \cos \dfrac{p-q}{2}, \\[2mm] \cos p - \cos q = -2\sin \dfrac{p+q}{2} \sin \dfrac{p-q}{2}. \end{cases}$$

Nous avons ainsi deux groupes de relations, le groupe (I) permet de transformer des produits en somme ou différence, le groupe (II) permet de transformer en produit une somme ou une différence ; au point de vue du calcul, ce sont les formules du groupe (II) qui sont utiles ; mais, dans la résolution d'un grand nombre de questions, les formules du groupe (I) sont également fort importantes ; il est indispensable de se familiariser avec les unes et les autres.

Remarque. — Les formules (II) ne renferment dans le
le premier membre qu'une seule ligne, le sinus ou le cosinus; mais il est aisé d'y ramener les sommes de sinus et
de cosinus; il suffit, par exemple, de remplacer le cosinus
d'un arc par le sinus de son complément; ainsi, on aura
successivement

$$\sin p + \cos q = \sin p + \sin \left(\frac{\pi}{2} - q \right)$$

$$= 2\sin \left(\frac{\pi}{4} + \frac{p-q}{2} \right) \cos \left(\frac{p+q}{2} - \frac{\pi}{4} \right),$$

$$\cos p - \sin q = \sin \left(\frac{\pi}{2} - p \right) - \sin q$$

$$= 2\sin \left(\frac{\pi}{4} - \frac{p+q}{2} \right) \cos \left(\frac{\pi}{4} - \frac{p-q}{2} \right).$$

83. Application I. — *Transformer l'expression*

$$\frac{\sin p - \sin q}{\sin p + \sin q}.$$

On a

$$\frac{\sin p - \sin q}{\sin p + \sin q} = \frac{2 \sin \dfrac{p-q}{2} \cos \dfrac{p+q}{2}}{2 \sin \dfrac{p+q}{2} \cos \dfrac{p-q}{2}}$$

$$= \frac{\sin \dfrac{p-q}{2}}{\cos \dfrac{p-q}{2}} \cdot \frac{\cos \dfrac{p+q}{2}}{\sin \dfrac{p+q}{2}}$$

$$= \operatorname{tg} \frac{p-q}{2} \operatorname{cotg} \frac{p+q}{2} = \frac{\operatorname{tg} \dfrac{p-q}{2}}{\operatorname{tg} \dfrac{p+q}{2}},$$

formule qui sert fréquemment.

84. Application II. — *Transformer l'expression*

$$\sin A + \sin B + \sin C,$$

sachant que $A + B + C = 180°.$

Nous avons (82)

$$\sin A + \sin B = 2 \sin \frac{A+B}{2} \cos \frac{A-B}{2},$$

$$\sin C = \sin (180 - A - B) = \sin (A+B)$$

$$= 2 \sin \frac{A+B}{2} \cos \frac{A+B}{2}.$$

L'expression est donc égale à

$$2 \sin \frac{A+B}{2} \cos \frac{A-B}{2} + 2 \sin \frac{A+B}{2} \cos \frac{A+B}{2},$$

ou à

$$2 \sin \frac{A+B}{2} \left(\cos \frac{A-B}{2} + \cos \frac{A+B}{2} \right).$$

On a d'autre part (82)

$$\cos \frac{A+B}{2} + \cos \frac{A-B}{2} = 2 \cos \frac{A}{2} \cos \frac{B}{2},$$

$$\sin \frac{A+B}{2} = \sin \left(90 - \frac{C}{2} \right) = \cos \frac{C}{2}.$$

On trouve donc finalement

$$\sin A + \sin B + \sin C = 4 \cos \frac{A}{2} \cos \frac{B}{2} \cos \frac{C}{2}.$$

85. Transformation d'une somme ou d'une différence de tangentes. — On a

$$\operatorname{tg} p \pm \operatorname{tg} q = \frac{\sin p}{\cos p} \pm \frac{\sin q}{\cos q}$$

$$= \frac{\sin p \cos q \pm \sin q \cos p}{\cos p \cos q} = \frac{\sin (p \pm q)}{\cos p \cos q}.$$

Si nous supposons $p = \dfrac{\pi}{4}$, on trouve les formules suivantes, en remarquant que $\operatorname{tg} \dfrac{\pi}{4}$ est l'unité :

$$1 + \operatorname{tg} q = \frac{\sin\left(\dfrac{\pi}{4} + q\right)}{\cos \dfrac{\pi}{4} \cos q} = \frac{\sqrt{2} \sin\left(\dfrac{\pi}{4} + q\right)}{\cos q},$$

$$1 - \operatorname{tg} q = \frac{\sin\left(\dfrac{\pi}{4} - q\right)}{\cos \dfrac{\pi}{4} \cos q} = \frac{\sqrt{2} \sin\left(\dfrac{\pi}{4} - q\right)}{\cos q}.$$

86. Transformer le binome $a \pm b$ en un produit. — Nous supposerons essentiellement que a et b sont *positifs* et $a > b$; remarquons d'abord que si a et b sont des *nombres connus*, la transformation actuelle n'a aucun intérêt ; on calcule immédiatement l'expression $a \pm b$. Mais il arrive souvent que l'on rencontre de-tels binomes dans lesquels on ne connaît a et b que par une série de calculs qui fournissent les logarithmes de a et de b ; on pourrait en déduire a et b et faire la sommo, mais il est préférable de procéder autrement en transformant l'expression en un produit. Nous y parviendrons en introduisant un angle auxiliaire qui permet d'utiliser les transformations précédentes.

Avant d'indiquer les procédés que l'on peut suivre, notons que la transformation d'un polynome $a + b + c + \ldots$ peut s'effectuer de proche en proche ; on transformera $a + b$ en un produit, ce qui donnera $\log(a + b)$ au moyen des logarithmes connus de a et b ; on en déduira

$a + b + c$ ou plutôt son logarithme, en considérant $a + b$ comme un nombre, et ainsi de suite.

87. Transformation de la somme $a + b$. — On a

$$a + b = a\left(1 + \frac{b}{a}\right).$$

Posons $\dfrac{b}{a} = \operatorname{tg}^2 \varphi$,

$$a + b = a(1 + \operatorname{tg}^2 \varphi) = \frac{a}{\cos^2 \varphi}.$$

La somme $a + b$ est ainsi transformée en un quotient, ce qui, au point de vue du calcul par logarithmes, équivaut à un produit.

Les tables donneront l'angle φ; on a, en effet

$$\log \operatorname{tg} \varphi = \frac{1}{2} \log b + \frac{1}{2} \operatorname{colog} a.$$

On connaît $\log \operatorname{tg} \varphi$ et par suite φ; on en déduira $\log \cos \varphi$ et $a + b$ par la formule

$$\log (a + b) = \log a + 2 \operatorname{colog} \cos \varphi.$$

Remarquons que l'on peut choisir pour φ un quelconque des angles qui correspondent à la tangente; mais il suffit de choisir celui qui est positif et inférieur à 1 droit; c'est celui qui figure dans les tables.

88. Transformation de la différence $a - b$. — On a

$$a - b = a\left(1 - \frac{b}{a}\right).$$

Le rapport $\dfrac{b}{a}$ est supposé positif et inférieur à l'unité;

On peut donc poser

$$\frac{b}{a} = \cos^2 \varphi.$$

La relation devient

$$a - b = a(1 - \cos^2 \varphi) = a \sin^2 \varphi.$$

L'angle φ est calculé dans les tables par la relation

$$\log \cos \varphi = \frac{1}{2} \log b + \frac{1}{2} \operatorname{colog} a \, ;$$

on calcule ensuite $a - b$ par la relation

$$\log (a - b) = \log a + 2 \log \sin \varphi.$$

89. Autres méthodes. — On parvient au même résultat en employant d'autres angles auxiliaires ; les deux procédés que nous allons indiquer conviennent aussi bien à la somme qu'à la différence de deux nombres a et b ; toutefois, ils présentent sur les précédents le désavantage d'obliger à calculer des lignes de deux angles différents ; en général, il sera donc préférable d'opérer comme nous l'avons fait dans le paragraphe précédent ; mais ceci n'est pas absolu et avec un peu d'habitude on reconnaît quelle est la méthode qui convient le mieux à chaque cas particulier.

I. — Écrivons toujours

$$a \pm b = a\left(1 \pm \frac{b}{a}\right),$$

et posons

$$\frac{b}{a} = \operatorname{tg} \varphi \qquad \text{ou} \qquad \operatorname{tg} \varphi',$$

φ étant exprimé en degrés et φ' en grades.

$$a \pm b = a(1 \pm \operatorname{tg} \varphi) = a(\operatorname{tg} 45° \pm \operatorname{tg} \varphi) \text{ ou } a(\operatorname{tg} 50^{\mathrm{r}} \pm \operatorname{tg} \varphi')$$

$$a \pm b = a \frac{\sin(45° \pm \varphi)}{\cos 45° \cos \varphi} \quad \text{ou} \quad a \pm b = a \frac{\sin(50^{\mathrm{r}} \pm \varphi')}{\cos 50^{\mathrm{r}} \cos \varphi'};$$

φ sera toujours l'angle positif inférieur à 1 droit dont la tangente est égale à $\dfrac{b}{a}$.

II. — Posons

$$\frac{b}{a} = \cos \varphi,$$

ce qui est possible, puisque b est inférieur à a;

$$a \pm b = a\left(1 \pm \frac{b}{a}\right) = a(1 \pm \cos \varphi).$$

Mais on sait que

$$\cos \varphi = 2\cos^2 \frac{\varphi}{2} - 1, \qquad \text{ou} \qquad 1 + \cos \varphi = 2\cos^2 \frac{\varphi}{2};$$

$$\cos \varphi = 1 - 2\sin^2 \frac{\varphi}{2}, \qquad \text{ou} \qquad 1 - \cos \varphi = 2\sin^2 \frac{\varphi}{2}.$$

On peut donc écrire

$$a + b = 2a \cos^2 \frac{\varphi}{2},$$

$$a - b = 2a \sin^2 \frac{\varphi}{2}.$$

Le problème est donc résolu à l'aide de l'angle auxiliaire φ et de sa moitié.

90. Transformation d'expressions rationnelles. — Pour calculer une expression rationnelle, on peut calculer à l'aide des logarithmes le numérateur et le dénominateur et ensuite l'expression elle-même en calculant la différence des logarithmes des deux membres.

Il faudra donc employer une série d'angles auxiliaires ; il peut arriver que, grâce à la forme particulière des deux termes, des simplifications soient possibles ; il ne peut être donné de règle générale à ce sujet. Nous nous bornerons à donner un exemple, qui se présente fréquemment.

Considérons l'expression

$$\frac{a - b}{a + b}.$$

On peut diviser les deux termes par a et écrire

$$\frac{a - b}{a + b} = \frac{1 - \dfrac{b}{a}}{1 + \dfrac{b}{a}}.$$

Posons $\dfrac{b}{a} = \cos \varphi$, en supposant toujours a et b positifs et b inférieur à a ; nous avons

$$\frac{a - b}{a + b} = \frac{1 - \cos \varphi}{1 + \cos \varphi} = \frac{2 \sin^2 \dfrac{\varphi}{2}}{2 \cos^2 \dfrac{\varphi}{2}} = \mathrm{tg}^2 \frac{\varphi}{2}.$$

On peut encore poser $\dfrac{b}{a} = \mathrm{tg}\,\varphi$; l'expression devient

$$\frac{a - b}{a + b} = \frac{1 - \mathrm{tg}\,\varphi}{1 + \mathrm{tg}\,\varphi},$$

ou, en remarquant que $\mathrm{tg}\,45^\circ = 1$,

$$\frac{a - b}{a + b} = \frac{\mathrm{tg}\,45^\circ - \mathrm{tg}\,\varphi}{1 + \mathrm{tg}\,45^\circ\,\mathrm{tg}\,\varphi} = \mathrm{tg}\,(45^\circ - \varphi).$$

L'angle φ est dans les deux cas donné par les tables au moyen de calculs logarithmiques. Si les angles sont exprimés en grades, la formule subsiste, en remplaçant 45° par 50ᵍ.

91. Expressions irrationnelles. — Pour calculer une expression de la forme $\sqrt[m]{A}$, on cherchera le logarithme de l'expression rationnelle A comme il vient d'être indiqué ; puis, on obtiendra $\sqrt[m]{A}$ en calculant son logarithme par la formule

$$\log \sqrt[m]{A} = \frac{1}{m} \log A.$$

Exemple I : *Calculer* $\sqrt{a^2 + b^2}$.

Ecrivons

$$\sqrt{a^2 + b^2} = a\sqrt{1 + \frac{b^2}{a^2}},$$

en supposant a positif.

Si l'on pose $\dfrac{b}{a} = \operatorname{tg} \varphi$, l'angle φ sera connu à l'aide des tables, et on aura

$$\sqrt{a^2 + b^2} = a\sqrt{1 + \operatorname{tg}^2 \varphi} = \frac{a}{\cos \varphi},$$

l'angle φ étant inférieur à un droit.

Exemple II : *Calculer* $\sqrt{a^2 - b^2}$.

L'expression n'a de sens que si b est inférieur à a, en supposant a et b positifs ; on peut écrire

$$\sqrt{a^2 - b^2} = a\sqrt{1 - \frac{b^2}{a^2}},$$

et, en posant $\dfrac{b}{a} = \sin \varphi,$

$$\sqrt{a^2 - b^2} = a\sqrt{1 - \sin^2 \varphi} = a \cos \varphi,$$

φ étant un arc positif inférieur à 1 droit.

Remarquons d'ailleurs que si a et b sont donnés effectivement, et non par leurs logarithmes, on peut écrire

$$\sqrt{a^2 - b^2} = \sqrt{(a+b)(a-b)}$$

et calculer $a + b$ et $a - b$; il est alors inutile d'avoir recours au procédé qui vient d'être indiqué.

92. Calcul de $\sqrt{b^2 + c^2 - 2bc\cos A}$. — Cette expression se rencontre souvent dans les problèmes relatifs au calcul des côtés d'un triangle; nous allons montrer comment on peut la calculer à l'aide des tables.

Si l'on tient compte des relations

$$\cos^2 \frac{A}{2} + \sin^2 \frac{A}{2} = 1,$$

$$\cos^2 \frac{A}{2} - \sin^2 \frac{A}{2} = \cos A,$$

on peut écrire

$$\sqrt{b^2 + c^2 - 2bc\cos A}$$

$$= \sqrt{(b^2+c^2)\left(\cos^2 \frac{A}{2} + \sin^2 \frac{A}{2}\right) - 2bc\left(\cos^2 \frac{A}{2} - \sin^2 \frac{A}{2}\right)}$$

$$= \sqrt{(b^2+c^2 - 2bc)\cos^2 \frac{A}{2} + (b^2+c^2+2bc)\sin^2 \frac{A}{2}}$$

$$= \sqrt{(b-c)^2 \cos^2 \frac{A}{2} + (b+c)^2 \sin^2 \frac{A}{2}}$$

$$= (b+c)\sin \frac{A}{2} \sqrt{1 + \left(\frac{b-c}{b+c}\right)^2 \cotg^2 \frac{A}{2}}.$$

Posons

$$\tg \varphi = \frac{b-c}{b+c} \cotg \frac{A}{2};$$

l'expression prend la forme

$$(b+c)\sin \frac{A}{2} \sqrt{1 + \tg^2 \varphi},$$

ou
$$\frac{(b + c)\sin\dfrac{A}{2}}{\cos\varphi}.$$

Nous distinguerons alors deux cas :

1° c et b sont donnés effectivement et non par leurs logarithmes ; on peut calculer directement $b + c$ et $b - c$ et l'introduction du seul angle φ donne la valeur de l'expression par des calculs logarithmiques.

2° On ne connaît pas b et c, mais leurs logarithmes ; nous introduirons un nouvel angle auxiliaire, en posant

$$\frac{c}{b} = \operatorname{tg}\psi ;$$

cet angle ψ calculé à l'aide des tables, on en déduit l'angle φ par la formule

$$\operatorname{tg}\varphi = \frac{1 - \operatorname{tg}\psi}{1 + \operatorname{tg}\psi}\operatorname{cotg}\frac{A}{2} = \operatorname{tg}(45° - \psi)\operatorname{cotg}\frac{A}{2},$$

et on a finalement

$$\sqrt{b^2 + c^2 - 2bc\cos A} = b\,\frac{(1 + \operatorname{tg}\psi)\sin\dfrac{A}{2}}{\cos\varphi}$$

$$= b\,\frac{\sin(45° + \psi)\sin\dfrac{A}{2}}{\cos 45°\cos\psi\cos\varphi},$$

ou, si l'angle est mesuré en grades,

$$b\,\frac{\sin(50^\text{r} + \psi)\sin\dfrac{A}{2}}{\cos 50^\text{r}\cos\psi\cos\varphi}.$$

93. Calcul des racines d'une équation du second degré. — Nous distinguerons deux cas, suivant que les racines ont même signe ou ont des signes différents.

I. Les racines ont même signe. — Remarquons d'abord qu'on peut les supposer positives; si elles étaient négatives, on obtiendrait une équation dont les racines seraient opposées à celles de la première, en changeant le signe du coefficient de x; en effet, le produit resterait le même, la somme changerait de signe et conserverait la même valeur absolue; on aurait ainsi une nouvelle équation ayant ses racines positives; quand on aurait calculé ces racines, il suffirait d'en changer le signe pour avoir celles de la première équation.

Soit

$$ax^2 + bx + c = 0$$

l'équation dans laquelle a et c sont des nombres donnés positifs et b un nombre négatif; ces nombres vérifient d'ailleurs l'inégalité

$$b^2 - 4ac > 0 \qquad \text{ou} \qquad 1 > \frac{4ac}{b^2}.$$

Les racines sont données par la formule

$$x = \frac{-b \pm \sqrt{b^2 - 4ac}}{2a},$$

ou

$$x = -\frac{b}{2a}\left[1 \pm \sqrt{1 - \frac{4ac}{b^2}}\right].$$

$\dfrac{4ac}{b^2}$ étant compris entre 0 et 1, on peut poser

$$\frac{4ac}{b^2} = \sin^2 \varphi,$$

et il vient

$$x = -\frac{b}{2a}\left[1 \pm \sqrt{1 - \sin^2\varphi}\right],$$

ou

$$x = -\frac{b}{2a}\left[1 \pm \cos\varphi\right],$$

ce qui donne les deux valeurs

$$x' = -\frac{b}{a}\cos^2\frac{\varphi}{2},$$

$$x'' = -\frac{b}{a}\sin^2\frac{\varphi}{2},$$

que l'on peut calculer à l'aide des logarithmes ; l'angle φ a été fourni par une formule qui est calculable à l'aide des logarithmes.

II. **Les racines ont des signes différents.** — Les nombres a et c ont des signes différents et l'expression $\dfrac{4ac}{b^2}$ est négative ; on peut poser

$$\operatorname{tg}^2\varphi = -\frac{4ac}{b^2},$$

l'angle φ est fourni par les tables de logarithmes.

On a alors

$$x = -\frac{b}{2a}\left[1 \pm \sqrt{1 + \operatorname{tg}^2\varphi}\right],$$

$$x = -\frac{b}{2a}\left[1 \pm \frac{1}{\cos\varphi}\right],$$

$$x' = +\frac{b}{2a}\cdot\frac{1-\cos\varphi}{\cos\varphi} = \frac{b}{a}\cdot\frac{\sin^2\frac{\varphi}{2}}{\cos\varphi},$$

$$x'' = -\frac{b}{2a}\cdot\frac{1+\cos\varphi}{\cos\varphi} = -\frac{b}{a}\cdot\frac{\cos^2\frac{\varphi}{2}}{\cos\varphi},$$

Si b est positif (*), la première racine est positive, et les tables de logarithmes permettent d'en calculer la valeur ;

(*) On peut toujours supposer a positif.

la seconde est négative et on en trouvera la valeur absolue
en calculant à l'aide des tables l'expression

$$\frac{b}{a} \cdot \frac{\cos^2 \frac{\varphi}{2}}{\sin \varphi}.$$

Si b est négatif, on calculera la valeur de la seconde
racine, qui est positive, et la valeur absolue de la première,
qui est négative.

EXERCICES

1. Transformer en produits les sommes suivantes :

$$\sin a + 2 \sin 2a + \sin 3a,$$
$$\cos a + 2 \cos 2a + \cos 3a,$$
$$\sin a + \sin 3a + \sin 7a + \sin 9a,$$
$$\cos a + \cos 4a - \cos 8a - \cos 11a,$$
$$\sin a + \cos a + \sqrt{2} \cos 3a,$$
$$\sin a + \sin b + \sin c - \sin (a + b + c),$$
$$\cos a + \cos b + \cos c + \cos (a + b + c).$$

2. a, b, c étant tels que $a + b + c = 180°$, transformer en produits les sommes suivantes :

$$\sin a + \sin b - \sin c,$$
$$\cos a + \cos b + \cos c - 1,$$
$$\cos \frac{a}{2} + \cos \frac{b}{2} + \cos \frac{c}{2}$$
$$\sin 2a + \sin 2b - \sin 2c,$$
$$\sin 4a + \sin 4b + \sin 4c,$$
$$\sin^2 a + \sin^2 b - \sin^2 c.$$

3. Transformer en produits les sommes suivantes, en supposant $a + b + c = 180°$:

$$\operatorname{tg} a + \operatorname{tg} b + \operatorname{tg} c,$$

$$\operatorname{tg} ma + \operatorname{tg} mb + \operatorname{tg} mc, \qquad m \text{ entier.}$$

4. Démontrer que, si $a + b + c = 180°$, on a

$$\operatorname{cotg} \frac{A}{2} = \frac{\sin B + \sin C}{\cos B + \cos C}.$$

5. Transformer en produits les expressions

$$\cos^2 a + \cos^2 b + \cos^2 c + 2 \cos a \cos b \cos c - 1,$$

$$\cos^2 a + \cos^2 b + \cos^2 c - 2 \cos a \cos b \cos c + 1.$$

6. Trouver la somme de sinus d'arcs en progression arithmétique

$$\sin a + \sin (a + b) + \sin (a + 2b) + \ldots + \sin (a + nb).$$

On multipliera par $2 \sin \dfrac{b}{2}$ et on transformera les produits en différences de cosinus ; les termes se détruisent deux à deux, sauf le premier et le dernier.

7. Même question pour la somme de cosinus, la somme des carrés de sinus ou de cosinus d'arcs en progression arithmétique.

8. Démontrer que l'on a, pour toute valeur de x,

$$\sin x + \sin\left(x + \frac{2\pi}{n}\right) + \sin\left(x + \frac{4\pi}{n}\right) + \ldots + \sin\left(x + \frac{2(n-1)\pi}{n}\right) = 0;$$

$$\cos x + \cos\left(x + \frac{2\pi}{n}\right) + \ldots + \cos\left(x + \frac{2(n-1)\pi}{n}\right) = 0.$$

9. Démontrer la relation

$$\frac{\sin a + \sin 3a + \ldots + \sin (2n-1)a}{\cos a + \cos 3a + \ldots + \cos (2n-1)a} = \operatorname{tg} na.$$

10. Transformer en produits, en introduisant des angles auxiliaires, les expressions suivantes :

$$1 + \sqrt{2}, \qquad 3 \pm \sqrt{3}, \qquad 2 \pm \sqrt{3},$$

$$\frac{2 + \sqrt{3}}{2 - \sqrt{3}}, \qquad \frac{\sqrt{2} + 1}{\sqrt{2} - 1}, \qquad \frac{3 + \sqrt{3}}{3 - \sqrt{3}},$$

$$2 + \sqrt{3} + 4 \cos 15°, \qquad 2 - \sqrt{3} - 4 \sin 15°.$$

LIVRE II

CHAPITRE I

TABLES DE LOGARITHMES

94. Disposition des tables pour la division en degrés.
— Les tables trigonométriques à cinq décimales donnent
les logarithmes du sinus, du cosinus, de la tangente et de
la cotangente des angles compris entre 0° et 90°, ces angles
se succédant de minute en minute ; des tables de parties
proportionnelles permettent d'ailleurs de tenir compte des
secondes qui figurent dans un angle donné.

Une remarque très simple a permis de réduire les
dimensions des tables en inscrivant simplement les angles
compris entre 0° et 45° ; nous savons, en effet, que le
sinus et le cosinus de deux angles complémentaires sont
égaux, ainsi que la tangente et la cotangente ; il en résulte
que si l'on connaît les lignes trigonométriques des angles
inférieurs à 45°, on connaît par cela même celles des
angles compris entre 45° et 90°, qui sont les compléments

des premiers. En réalité, la recherche des lignes d'angles supérieurs à 45° exigerait un calcul préliminaire, celui de l'angle complémentaire de l'angle donné ; nous allons voir que la disposition des tables permet d'éviter ce calcul.

Pour plus de clarté, nous nous occuperons d'abord des angles inférieurs à 45°.

Une page de la table porte en haut un nombre qui est le nombre de degrés des angles contenus dans cette page ; la première colonne de gauche, marquée ', contient les nombres de minutes ; quatre colonnes contiennent les logarithmes des sinus, cosinus, tangentes et cotangentes de ces angles ; elles sont indiquées par les titres *Sin.*, *Tang.*, *Cotg.*, *Cos.*, placés en haut des colonnes ; à droite des colonnes des sinus et des cosinus sont de petites colonnes indiquées par la lettre D, qui contiennent les *différences tabulaires* relatives aux sinus et aux cosinus ; entre les colonnes des tangentes et des cotangentes est une petite colonne marquée D, qui contient les *différences tabulaires* relatives aux tangentes et aux cotangentes, ces différences étant constamment égales en valeur absolue (*).

Examinons les angles supérieurs à 45°.

En bas de chaque page est inscrit un nombre qui indique le nombre de degrés des angles qui figurent dans

---

(*) Il est facile d'en comprendre la raison : la relation

$$\operatorname{tg} a = \frac{1}{\operatorname{cotg} a} \quad \text{donne}$$

$$\log \operatorname{tg} a = - \log \operatorname{cotg} a ;$$

on en conclut

$$\log \operatorname{tg} a - \log \operatorname{tg} b = - [\log \operatorname{cotg} a - \log \operatorname{cotg} b].$$

29°

Proportional parts (left margin):

30

1″	0,5
2	1,0
3	1,5
4	2,0
5	2,5
6	3,0
7	3,5
8	4,0
9	4,5

29

1	0,48
2	0,97
3	1,45
4	1,93
5	2,42
6	2,90
7	3,38
8	3,87
9	4,35

23

1	0,38
2	0,77
3	1,15
4	1,53
5	1,92
6	2,30
7	2,68
8	3,07
9	3,45

22

1	0,37
2	0,73
3	1,10
4	1,47
5	1,83
6	2,20
7	2,57
8	2,93
9	3,30

′	Sin.	D	Tang.	D	Cotg.	Cos.	D	′
0	1,6 8557	23	1,7 4375	30	0,2 5625	1,9 4182	7	60
1	8580	23	4405	30	5595	4175	7	59
2	8603	22	4435	30	5565	4168	7	58
3	8625	23	4465	29	5535	4161	7	57
4	8648	23	4494	30	5506	4154	7	56
5	8671	23	4524	30	5476	4147	7	55
6	8694	22	4554	29	5446	4140	7	54
7	8716	23	4583	30	5417	4133	7	53
8	8739	23	4613	30	5387	4126	7	52
9	8762	22	4643	30	5357	4119	7	51
10	8784	23	4673	29	5327	4112	7	50
11	8807	22	4702	30	5298	4105	7	49
12	8829	23	4732	30	5268	4098	8	48
13	8852	23	4762	29	5238	4090	7	47
14	8875	22	4791	30	5209	4083	7	46
15	8897	23	4821	30	5179	4076	7	45
16	8920	22	4851	29	5149	4069	7	44
17	8942	23	4880	30	5120	4062	7	43
18	8965	22	4910	29	5090	4055	7	42
19	8987	23	4939	30	5061	4048	7	41
20	9010	22	4969	29	5031	4041	7	40
21	9032	23	4998	30	5002	4034	7	39
22	9055	22	5028	30	4972	4027	7	38
23	9077	23	5058	29	4942	4020	8	37
24	9100	22	5087	30	4913	4012	7	36
25	9122	22	5117	29	4883	4005	7	35
26	9144	23	5146	30	4854	3998	7	34
27	9167	22	5176	29	4824	3991	7	33
28	9189	23	5205	30	4795	3984	7	32
29	9212	22	5235	29	4765	3977	7	31
30	1,6 9234		1,7 5264		0,2 4736	1,9 3970		30
′	Cos.		Cotg.		Tang.	Sin.		′

60°

cette page ; la dernière colonne contient des nombres qui croissent de bas en haut et indiquent les nombres de minutes des angles ; en bas de chaque colonne Sin., Tang., Cotg., Cos., sont marquées les indications *Cos., Cotg., Tang., Sin.,* et ces colonnes contiennent les cosinus, cotangentes, tangentes, sinus des angles lus comme il vient d'être dit.

Il est facile de justifier cette disposition. Dans la page reproduite ci-contre (*), les nombres de degrés lus en haut et en bas 29° et 60° ont pour somme 89° ; sur la ligne 20 de la première colonne se trouve dans la dernière colonne le nombre 40', les angles 29° 20' et 60° 40' sont complémentaires ; par suite, si on lit dans la colonne qui commence par *Sin* le nombre $\overline{1}$,69010, on trouve le logarithme de sin 29° 20' ; mais c'est aussi celui de cos 60° 40' ; on le lit alors dans cette colonne qui finit par *Cos.*

95. Usage des tables. — Nous pouvons à l'aide des tables résoudre les deux questions suivantes :

1° *Étant donné un angle compris entre 0° et 90°, trouver le logarithme d'une ligne trigonométrique de cet angle ;*

2° *Étant donné le logarithme d'une ligne trigonométrique d'un angle, trouver cet angle, supposé compris entre 0° et 90°.*

Ces problèmes ne comportent pas la même solution pour le sinus et la tangente que pour le cosinus et la cotangente ; nous traiterons séparément les deux cas.

96. Problème I. — *Calculer le logarithme du sinus ou de la tangente d'un angle.*

(*) Extraite des tables de Dupuis (Hachette et Cie, éditeurs).

Si l'angle donné ne contient que des degrés et des minutes, on lit immédiatement le logarithme dans la table ; ainsi, on trouve

$$\log \sin 29° 13' = \overline{1},68852,$$

en lisant 29° en haut de la page et 13' dans la colonne de gauche, et $\overline{1},68852$ dans la colonne qui porte en haut *Sin*.

On trouve de même

$$\log \operatorname{tg} 60° 42' = 0,25090,$$

en lisant 60° en bas de la page et 42' dans la colonne de droite, et 0,25090 dans la colonne qui porte en bas *Tang*.

Supposons maintenant que l'angle contienne des secondes. Soit, par exemple, à calculer log sin 29° 15' 18".

Nous trouvons dans la table, en lisant 29° en haut et 15' dans la colonne de gauche,

$$\log \sin 29° 15' = \overline{1},68897.$$

Comme le sinus croît avec l'arc et que le logarithme croît avec le sinus, la valeur trouvée est une valeur par défaut ; au contraire, la valeur

$$\log \sin 29° 16' = \overline{1},68920$$

est par excès.

La différence de ces logarithmes est 23, comme l'indique la colonne D ; si *l'on admet, ce qui est suffisamment exact, que l'accroissement de log sin est proportionnel à celui de l'angle*, le nombre qu'il faudra ajouter à $\overline{1},68897$ sera

$$\frac{23 \times 18}{60} = 6,9.$$

On a donc

$$\log \sin 29^\circ\,15'\,18'' = \overline{1},68897 + 6,9$$
$$= \overline{1},68904,$$

en forçant le dernier chiffre.

La question se traite de la même façon s'il s'agit d'une tangente ; calculons, par exemple,

$$\log \operatorname{tg} 60^\circ\,45'\,23''.$$

Nous nous servirons ici des tables de parties proportionnelles ; elles fournissent les accroissements relatifs à 1, 2, …, 9 secondes ; leur usage étant le même que pour les recherches des logarithmes des nombres, il suffira d'indiquer le calcul. L'angle étant supérieur à 45°, nous lirons les minutes dans la colonne de droite et nous prendrons la colonne qui porte en bas l'indication *Tang*.

$$
\begin{array}{lll}
\log \operatorname{tg} 60^\circ\,45' & = 0,25\,179 & \delta = 30. \\
\text{pour} \quad 20'' & 10 & \\
\text{pour} \quad 3'' & 1,5 & \\
\hline
\log \operatorname{tg} 60^\circ\,45'\,23'' & = 0,25\,190\,5 &
\end{array}
$$

La table des parties proportionnelles relative à 30, donne comme accroissement correspondant à 2″ le nombre 1 ; admettant la proportionnalité, on en conclut que pour 20″ l'accroissement est 10 ; on trouve ensuite 1,5 comme accroissement relatif à 3″.

97. **Problème II.** — *Connaissant le logarithme d'un sinus ou d'une tangente, trouver l'angle correspondant.*

Nous chercherons dans la table le logarithme donné dans l'une des colonnes *Sin.* ou dans l'une des colonnes *Tang.*, suivant que l'on donne un sinus ou une tangente ;

si ce logarithme y figure, on lit l'angle correspondant en haut et à gauche, si le logarithme est dans la colonne marquée *Sin.* ou *Tang.* en haut de la colonne, en bas et à droite s'il est dans une colonne marquée *Sin.* ou *Tang.* en bas.

Soit à chercher l'angle dont le logarithme du sinus est $\overline{1}$,94147.

Nous trouvons dans la colonne qui porte en bas *Sin.* le nombre $\overline{1}$,94147; nous lisons en bas et à droite 60° 55′.

Relativement à la tangente, la recherche est simplifiée par cette remarque que la tangente d'un angle inférieur à 45° est inférieure à 1 et que la tangente d'un angle supérieur à 45° est supérieure à 1; le logarithme dans le premier cas a une caractéristique négative, dans le second cas une caractéristique positive; si donc le logarithme donné a une caractéristique négative, on le cherchera dans la colonne qui porte *Tang.* en haut; s'il a une caractéristique positive, on le cherchera dans la colonne qui porte *Tang.* en bas.

Étudions maintenant le cas général où le logarithme n'est pas dans la table.

Soit à trouver l'angle x *donné par*
$$\log \sin x = \overline{1},94031.$$

La colonne qui porte *Sin.* en bas donne
$$\log \sin 60° 38′ = \overline{1},94027,$$
avec une différence tabulaire 7.

60° 38′ est une valeur par défaut; le logarithme donné surpasse le logarithme lu de 4; écrivant qu'il y a proportionnalité entre l'accroissement du logarithme et celui de l'angle, on voit qu'il faut ajouter à 60° 38′ un angle de

$$\frac{60' \times 4}{7} = 34'.$$

Il serait d'ailleurs illusoire de calculer les fractions de seconde.

L'angle cherché est

$$60° 38' 34''.$$

Soit encore à calculer l'angle défini par

$$\log \operatorname{tg} x = \overline{1},74652.$$

La caractéristique est négative; l'angle est inférieur à 45°; nous trouvons dans la colonne qui porte en haut *Tang.* $\overline{1},74643$ correspondant à 29°9′; utilisons les tables de parties proportionnelles :

$$
\begin{array}{llll}
\log \operatorname{tg} 29° 9' & = \overline{1},74643 & \quad \delta = 30 \\
\text{pour} \quad 10'' & 5 \\
\text{pour} \quad 8'' & 4 \\
\hline
\log \operatorname{tg} 29° 9' 18'' & = \overline{1},74652
\end{array}
$$

La différence tabulaire est 30, et l'accroissement du logarithme est 9. Dans la table des parties proportionnelles, nous trouvons des nombres inférieurs à 9; l'accroissement de l'angle est donc supérieur à 9″; si l'on multiplie par 10 les nombres qui figurent dans la seconde colonne, nous trouvons 5 inférieur à 9; il correspond à 10″; puis, nous trouvons 4 qui correspond à 8″; l'accroissement d'angle est donc 18″.

98. Problème III. — *Calculer le logarithme du cosinus ou de la cotangente d'un angle.*

Si l'angle est dans la table, on lit immédiatement le

logarithme du cosinus ou de la cotangente; si l'angle inférieur à 45° est lu en haut et dans la colonne de gauche,
on trouve le logarithme dans la colonne marquée en haut
Cos. ou *Cotg.*; si l'angle est supérieur à 45°, on lit dans la
colonne marquée en bas *Cos.* ou *Cotg.*

Supposons maintenant que l'angle ne figure pas dans la
table, c'est-à-dire qu'il contienne des secondes; on pourrait, comme pour le sinus ou la tangente, chercher dans
la table le logarithme qui correspond à l'angle dans
lequel on ne tient pas compte des secondes; mais, comme
le cosinus et la cotangente diminuent quand l'angle augmente, il faudrait du logarithme lu retrancher ce qui
correspond à l'accroissement de l'angle; or, on a vu en
algèbre qu'il y avait avantage à ne pas faire de soustraction; aussi cherche-t-on dans la table le logarithme qui
correspond à l'angle immédiatement supérieur à l'angle
donné. Dans ces conditions, le logarithme cherché corres-
pondra à un angle inférieur à l'angle dont on a lu le logarithme, on le trouvera en ajoutant à ce dernier le nombre
qui correspond à la diminution de l'angle; ce nombre est
d'ailleurs calculé toujours par parties proportionnelles.

Soit à trouver

$$\log \cos 29°\ 19'\ 32''.$$

On trouve dans la colonne qui porte en haut *Cos.*

$$\log \cos 29°\ 20' = \overline{1},94041,$$

29° étant lu en haut et 20' dans la colonne de gauche; ce
logarithme est une valeur par défaut; la différence tabulaire avec le logarithme du cosinus de 29° 19' est 7; la
différence entre l'angle lu et l'angle donné est 28''; le

nombre à ajouter sera donc

$$\frac{7 \times 28}{60} = 3,2.$$

On a ainsi

$$\log \cos 29° 19' 32'' = \overline{1},94\,044.$$

Soit, en second lieu, à trouver

$$\log \cot g\ 60° 35' 12''.$$

Nous nous servirons ici des tables de parties proportionnelles. Nous lisons en bas et dans la colonne de droite l'angle 60° 36', et dans la colonne qui porte en bas *Cotg.* le logarithme correspondant.

$$\log \cot g\ 60° 36' \quad = \overline{1},75\,087 \qquad \delta = 30$$
$$\text{pour} \qquad -40' \qquad\quad 20$$
$$\text{pour} \qquad -8' \qquad\quad 4$$
$$\log \cot g\ 60° 35' 12'' = 1,75\,111$$

La différence tabulaire est 30 ; la différence des angles lu et donné est 48'' ; la table des parties proportionnelles donne 2 pour 4'' ; l'accroissement sera 20 pour 40'' ; la même table donne 4 pour 8'' ; pour bien indiquer que ces accroissements du logarithme correspondent à des diminutions de l'angle, on a inscrit dans le tableau du calcul —40'' et —8'' et non 40'' et 8'' comme nous l'avions fait pour les sinus ou les tangentes.

99. **Problème IV.** — *Connaissant le logarithme d'un cosinus ou d'une cotangente, trouver l'angle correspondant.*

La marche à suivre est la même que celle qui a été indiquée au problème II, avec cette différence que l'on cherche dans la table un logarithme supérieur à celui qui est donné ; il correspond alors à un angle trop petit ; le procédé des parties proportionnelles fournit le nombre de secondes qu'il faut ajouter à l'angle lu ; après ce qui a été dit précédemment, il suffira de donner quelques exemples pour que l'on se rende bien compte de la méthode.

Soit à trouver l'angle défini par
$$\log \cos x = \overline{1},69\,061.$$

Dans la colonne qui porte en bas *Cos*, nous trouvons le logarithme $\overline{1},69\,077$, immédiatement supérieur à $\overline{1},69\,061$; il correspond à l'angle 60° 37′ lu en bas et dans la colonne de droite ; la différence tabulaire entre $\overline{1},69\,077$ et $\overline{1},69\,055$ est 22, que l'on trouve dans la première colonne D ; d'autre part, la différence entre le logarithme $\overline{1},69\,061$ donné et le logarithme $\overline{1},69\,077$ lu est 16 ; si l'on admet la proportionnalité entre la diminution du logarithme et l'accroissement de l'arc, on voit qu'il faut à 60° 37′ ajouter un nombre de secondes égal à

$$\frac{60 \times 16}{22} = 44,$$

en forçant le dernier chiffre.

L'angle cherché a pour mesure
$$60° \, 37′ \, 44″.$$

Soit, en second lieu, à trouver l'angle défini par
$$\log \cotg x = 0,25\,191.$$

Nous remarquons d'abord que ce logarithme étant positif, l'angle est plus petit que 45°, puisque sa cotangente est supérieure à 1 ; nous trouvons dans la colonne qui porte en haut *Cotg.* le logarithme 0,25 209 immédiatement supérieur à 0,25 191 ; il correspond à l'angle 29° 14′ lu en haut et dans la colonne de gauche ; la différence tabulaire entre 0,25 209 et 0,25 179 est 30 ; la différence entre 0,25 209 et 0,25 191 est 18.

Pour en déduire l'accroissement de l'angle, nous cherchons dans la seconde colonne de la table des parties proportionnelles qui correspond à 30 ; nous trouvons 1,5 pour 3′ ou 15 pour 30′ ; il reste un accroissement correspondant 3 ; il correspond à 6′ ; l'accroissement total est 36′ ; on dispose les calculs comme ci-dessous :

$$\begin{array}{lll} \log \cot g\ 29°\,14' & = 0{,}25\,209 & \delta = 30 \\ \text{pour} \qquad 30' & -15 & \\ \text{pour} \qquad\ \ 6' & -\ 3 & \\ \hline \log \cot g\ 29°\,14'\,36' & = 0{,}25\,191 & \end{array}$$

L'angle est 29° 14′ 36′.

100. Calcul des petits angles. — Si l'on consulte une table de logarithmes, on constate que les différences tabulaires relatives aux petits angles sont très grandes ; la règle des parties proportionnelles n'est plus applicable, car elle conduirait à un résultat qui différerait du résultat exact par la cinquième décimale ; on utilise alors les tables de logarithmes ordinaires, comme nous allons l'expliquer.

Les relations
$$s = \frac{\sin x}{x}, \qquad t = \frac{\operatorname{tg} x}{x},$$
conduisent aux relations
$$\log \sin x = \log s + \log x,$$
$$\log \operatorname{tg} x = \log t + \log x,$$

Dans ces relations, x est supposé exprimé en secondes, et les tables de Dupuis contiennent en haut de la première page de la table des logarithmes des nombres et en bas des pages suivantes les valeurs de log s et de log t qui correspondent aux angles inférieurs à 9900″ ou 2°45′; S désigne log s et T, log t.

Log x est calculé dans la table des logarithmes des nombres comme on l'a vu en algèbre, et il est ainsi possible pour les petits angles de tenir compte des dixièmes et même des centièmes de secondes.

Exemple I : *Calculer* log sin 45″,6.

De 0 à 1000″, S = $\overline{6},68557$.

Dans la table des logarithmes des nombres, on trouve

$$\log 45,6 = 1,65896.$$

On a donc

$$\log \sin 45″,6 = \overline{6},68557$$
$$+ 1,65896$$
$$\overline{4},34453.$$

Exemple II : *Calculer* log tg 1° 35′ 42″.

Réduisons cet angle en secondes.

1° vaut 60′,

1° 35′ valent 95′ ou 95 $\times$ 60 = 5700″.

L'angle est de 5742″

$$T = \overline{6},68569.$$

Les tables donnent

$$\log 5742 = 3,75906;$$

on trouve

$$\log \text{tg } 1° 35′ 42″ = \overline{6},68569$$
$$+ 3,75906$$
$$\overline{2},44475$$

Exemple III : *Trouver l'angle x tel que*

$$\log \sin x = \overline{3}, 35\,780.$$

On reconnaît d'abord dans la table des sinus que l'angle est compris entre 7′ et 8′; comme, d'autre part, S est $\overline{6}, 685\,57$ pour les angles compris entre 0 et 1000″, l'angle exprimé en secondes a pour logarithme la somme $\log \sin x + \operatorname{colog} s$:

$$\log \sin x = \overline{3}, 35\,780$$
$$\operatorname{colog} s = 5, 31\,443$$
$$\overline{\log x = 2, 67\,223}$$

Calculons x :

$$\log 470,1 = 2, 67\,219$$
$$\text{pour} \quad 4 \qquad\qquad 3,6 \qquad\qquad \delta = 9$$
$$\overline{\log 470,14 = 2, 67\,223.}$$

L'angle cherché est 470″,14 ou 7′ 50″,14.

REMARQUE. — Le cosinus et la cotangente d'un angle étant le sinus et la tangente de l'angle complémentaire, les calculs qui précèdent s'appliquent aux angles compris entre 87° 15′ et 90°, complémentaires des angles inférieurs à 2° 45′.

101. Division en grades. — Il existe des tables à cinq décimales, disposées comme les précédentes, et dans lesquelles l'angle est évalué en grades. Les angles inférieurs à 50ᵍ sont lus en haut et dans la première colonne de gauche ; les angles supérieurs à 50ᵍ sont lus en bas et dans la dernière colonne de droite; dans le premier cas, on lit le titre de la colonne correspondant à une ligne trigonométrique en haut ; dans le second cas, on le lit en bas.

Tout ce qui a été dit relativement aux angles exprimés en degrés s'applique ici ; les calculs sont même facilités par ce fait que l'on opère sur des nombres écrits dans le système décimal ; je me bornerai à donner deux exemples de calcul à l'aide de ces tables.

Nous reproduisons ici la page 121 des tables publiées par M. Chollet (*) ; ces tables contiennent les logarithmes des nombres, les logarithmes des lignes trigonométriques d'angles exprimés en grades ; la disposition de ces tables est toute semblable à celle des tables de Dupuis ; nous ne nous y arrêterons pas, nous bornant à montrer l'usage des tables qui correspondent à la division en grades.

EXEMPLE I : *Trouver* log cos 83^r, 875.

Nous lisons en bas et dans la colonne de droite l'angle 83^r,88 et dans la colonne qui porte en bas *Cos* le logarithme $\overline{1}$, 39 883 ; ce logarithme est inférieur au logarithme cherché, puisqu'il correspond à un angle supérieur à l'angle donné ; la différence tabulaire est 27 ; la différence entre l'angle lu et l'angle donné est 0',5 et la table des parties proportionnelles donne l'accroissement 13,5 ; les calculs sont disposés comme il suit

$$\log \cos 83^r, 88 = \overline{1}, 39\,883 \qquad \delta = 27$$
$$\text{pour} \qquad -5 \qquad\qquad 13, 5$$
$$\overline{\log \cos 83^r, 875 = \overline{1}, 39\,896\,5.}$$

Exemple II : *Trouver l'angle donné par la relation*

$$\log \operatorname{tg} x = \overline{1}, 41\,497.$$

Cet angle est inférieur à 50^r, puisque le logarithme de la tangente est négatif ; nous lisons dans la colonne qui com-

____

(*) Garnier frères, éditeurs.

′	Sin	D	Tang	DC	Cot	D	Cosin	′		P. P.			
00	1̄.39566		1̄.40952		0.59048		1̄.98614	100					
01	592	26	40980	28	59020	2	612	99	″	29	28	27	26
02	619	27	41009	29	58991	2	610	98	10	2.9	2.8	2.7	2.6
03	645	26	037	28	963	2	608	97	20	5.8	5.6	5.4	5.2
04	1̄.39672	27	1̄.41065	28	0.58935	1	1̄.98607	96	30	8.7	8.4	8.1	7.8
		26		29		2			40	11.6	11.2	10.8	10.4
05	1̄.39698		1̄.41094		0.58906		1̄.98605	95	50	14.5	14.0	13.5	13.0
06	725	27	122	28	878	2	603	94	60	17.4	16.8	16.2	15.6
07	751	26	150	28	850	2	601	93	70	20.3	19.6	18.9	18.2
08	778	27	178	28	822	1	600	92	80	23.2	22.4	21.6	20.8
09	1̄.39804	26	1̄.41206	28	0.58794	2	1̄.98598	91	90	26.1	25.2	24.3	23.4
		27		29		2							
10	1̄.39331	26	1̄.41235	28	0.58765	2	1̄.98596	90					
11	857	26	263	28	737	1	594	89					
12	883	27	291	28	709	2	593	88					
13	910	26	319	28	681	2	591	87					
14	1̄.39936	26	1̄.41347	28	0.58653	2	1̄.98589	86					
				28		2							
15	1̄.39962	27	1̄.41375	28	0.58625	1	1̄.98587	85					
16	39989	26	403	28	597	2	586	84					
17	40015	26	431	28	569	2	584	83					
18	041	27	459	28	541	2	582	82					
19	1̄.40068	26	1̄.41487	28	0.58513	2	1̄.98580	81					
20	1̄.40094	26	1̄.41515	28	0.58485	1	1̄.98578	80					
21	120	26	543	28	457	2	577	79					
22	146	26	571	23	429	2	575	78					
23	172	27	599	28	401	2	573	77					
24	1̄.40199	26	1̄.41627	28	0.58373	1	1̄.98571	76					
25	1̄.40225	26	1̄.41655	28	0.58345	2	1̄.98570	75					
26	251	26	683	28	317	2	568	74					
27	277	26	711	28	289	2	566	73					
28	303	26	739	28	261	1	564	72					
29	1̄.40329	26	1̄.41767	28	0.58233		1̄.98562	71					
30	1̄.40355	26	1̄.41795	27	0.58205	2	1̄.98561	70					
31	381	26	822	28	178	2	559	69					
32	407	26	850	28	150	2	557	68					
33	1̄.40433	26	1̄.41878	28	0.58122	2	1̄.98555	67					
′	Cosin	D	Cot	DC	Tang	D	Sin	′		P. P.			

mence par *Tang* $\overline{1},41\,487$ immédiatement inférieur à $\overline{1},41\,497$; le logarithme correspond à $16^r,19'$ lu en haut et dans la colonne de gauche ; la différence tabulaire est 28 et la différence entre le logarithme donné et le logarithme lu est 10 ; dans la table des parties proportionnelles on lit 8,4 pour 30″ et 1,68 pour 6″ ; il faut donc ajouter 16″ à l'angle :

$$\log \operatorname{tg} 16^r,19' \quad = \overline{1},41\,487 \qquad \delta = 28$$
$$\text{pour} \qquad 30 \qquad \qquad 8,4$$
$$\text{pour} \qquad 6 \qquad \qquad 1,6$$
$$\overline{\rule{5cm}{0.4pt}}$$
$$\log \operatorname{tg} 16^r,19'\ 36 = \overline{1},41\,497.$$

REMARQUE. — Le calcul des petits angles se fait comme pour la division en degrés ; le procédé s'applique pour les angles inférieurs à 4^r, s'il s'agit du sinus ou de la tangente, et pour les angles supérieurs à 96^r, s'il s'agit du cosinus ou de la cotangente.

Applications.

102. Application I. — *Calculer les valeurs de* x *comprises entre* 0° *et* 180° *qui vérifient l'équation*

$$\operatorname{tg} 3x = \frac{a + \sqrt{a^2 + b^2}}{b}$$

où

$$a = 4167, \qquad b = 3582,4.$$

Commençons par transformer le second membre, en

mettant $\dfrac{a}{b}$ en facteur

$$\mathrm{tg}\,3x = \frac{a}{b}\left[1 + \sqrt{1 + \left(\frac{b}{a}\right)^2}\right].$$

Posons $\dfrac{b}{a} = \mathrm{tg}\,\varphi$:

$$\mathrm{tg}\,3x = \mathrm{cotg}\,\varphi\left[1 + \sqrt{1 + \mathrm{tg}^2\,\varphi}\right] = \mathrm{cotg}\,\varphi\left(1 + \frac{1}{\cos\varphi}\right).$$

$$\mathrm{tg}\,3x = \frac{\cos\varphi + 1}{\sin\varphi} = \frac{2\cos^2\dfrac{\varphi}{2}}{2\sin\dfrac{\varphi}{2}\cos\dfrac{\varphi}{2}} = \mathrm{cotg}\,\frac{\varphi}{2}.$$

Tout le problème est ainsi ramené au calcul de φ.

Calcul de φ.

$$\log \mathrm{tg}\,\varphi = \log b + \mathrm{colog}\,a$$

$\log 4167 = 3{,}619\,82, \quad \mathrm{colog}\,4167 = \overline{4}, 380\,18$

$\log 3582 = 3{,}554\,43 \qquad\qquad \delta = 12$

$\underline{\text{pour }\; 0{,}4 \qquad\qquad 4{,}8}$

$\log 3582, 4 = 3{,}554\,48.$

$$\log b = 3{,}554\,48$$
$$\underline{\mathrm{colog}\,a = \overline{4}, 380\,18}$$
$$\log \mathrm{tg}\,\varphi = \overline{1}, 934\,36.$$

Le logarithme étant négatif, l'angle est inférieur à 45°.

$$\log \mathrm{tg}\ 40^\circ\ 41' \qquad = \overline{1},\ 934\ 31 \qquad \delta = 26$$

pour $\qquad\qquad$ 10″ $\qquad\qquad$ 4,3

pour $\qquad\qquad$ 1″ $\qquad\qquad$ 0,43

$$\log \mathrm{tg}\ 40^\circ\ 41'\ 11'' = \overline{1},\ 934\ 36$$

$$\varphi = 40^\circ\ 41'\ 11'',$$

$$\frac{\varphi}{2} = 20^\circ\ 20'\ 35'',5.$$

La relation

$$\mathrm{tg}\ 3x = \mathrm{cotg}\ \frac{\varphi}{2}$$

équivaut à

$$3x = k\,.\,180^\circ + 90^\circ - \frac{\varphi}{2},$$

$$x = k\,.\,60^\circ + 30^\circ - \frac{\varphi}{6}.$$

$$\frac{\varphi}{6} = 6^\circ\ 46'\ 51'',8$$

$$29^\circ\ 59'\ 60''$$
$$6^\circ\ 46'\ 51'',8$$
$$\overline{23^\circ\ 13'\ \ 8'',2}$$

Les angles cherchés sont

$$23^\circ\ 13'\ 8'',2,$$
$$83^\circ\ 13'\ 8'',2,$$
$$143^\circ\ 13'\ 8'',2.$$

103. Application II. — *Trouver les arcs x compris entre* 0^r *et* 400^r *qui vérifient l'équation*

$$325 \cos^2 x - 446 \cos x + 119 = 0.$$

Nous calculerons d'abord les valeurs des cosinus de ces arcs et les tables fourniront ensuite les arcs ; le cosinus est donné par une équation du second degré ; une racine convient si elle est comprise entre -1 et $+1$; substituant -1 et $+1$, on trouve

$$f(-1) = 890, \qquad f(+1) = -2 ;$$

une seule racine est donc comprise entre -1 et $+1$ et c'est la plus petite ; nous allons la calculer.

$$\cos x = \frac{223 - \sqrt{223^2 - 325 \times 119}}{325},$$

ou, en mettant $\frac{223}{325}$ en facteur,

$$\cos x = \frac{223}{325} \left(1 - \sqrt{1 - \frac{325 \times 119}{223^2}} \right)$$

Posant

$$\sin^2 \varphi = \frac{325 \times 119}{223^2},$$

on a

$$\cos x = \frac{223}{325} \left(1 - \sqrt{1 - \sin^2 \varphi} \right) = \frac{223}{325} \left(1 - \cos \varphi \right),$$

$$\cos x = \frac{223}{325} \times 2 \sin^2 \frac{\varphi}{2}.$$

Nous aurons donc à calculer successivement φ et x par les formules

$$2 \log \sin \varphi = \log 325 + \log 119 + 2 \operatorname{colog} 223,$$

$$\log \cos x = \log 223 + \operatorname{colog} 325 + \log 2 + 2 \log \sin \frac{\varphi}{2}.$$

Calcul de log sin φ.

$$\log 223 = 2{,}34830 \qquad \mathrm{colog}\ 223 = \overline{3}{,}65170$$
$$\log 325 = 2{,}51188$$
$$\log 119 = 2{,}07555$$
$$2\ \mathrm{colog}\ 223 = \overline{5}{,}30340$$

$$2\ \log \sin \varphi = \overline{1}{,}89083$$
$$\log \sin \varphi = \overline{1}{,}945415$$

Calcul de φ.

$$\log \sin 68^{\mathrm{r}}{,}744 = \overline{1}{,}945415,$$
$$\varphi = 68^{\mathrm{r}}{,}744,$$
$$\frac{\varphi}{2} = 34^{\mathrm{r}}{,}372.$$

Calcul de $\log \sin \dfrac{\varphi}{2}$.

$$\log \sin 34^{\mathrm{r}}{,}37' = \overline{1}{,}74099 \qquad \delta = 12$$
$$\text{pour} \qquad 2 \qquad\qquad 2{,}4$$

$$\log \sin \frac{\varphi}{2} = \overline{1}{,}711014$$

Calcul de cos x.

$$\log 223 = 2{,}34830$$
$$\mathrm{colog}\ 325 = \overline{3}{,}48812$$
$$\log 2 = 0{,}30103$$

$$2\log \sin \frac{\varphi}{2} = \overline{1}{,}42203$$

$$\log \cos x = \overline{1}{,}55948$$

Calcul de x.

$$\log \cos 76^{\text{r}},37' \quad = \overline{1},559\,56 \qquad \delta = 17$$
$$\text{pour} \qquad 40'' \qquad\quad -6,8$$
$$\qquad\qquad\quad 7'' \qquad\quad -1,2$$

$$\log \cos 76^{\text{r}}\,37'\,47'' = \overline{1},559\,48.$$

Un des angles est donc
$$76^{\text{r}},3747.$$

Tous les angles qui correspondent au même cosinus sont
$$k\,.\,400 \pm 76^{\text{r}},3747.$$

Si ces angles doivent être compris entre 0^{r} et 400^{r}, il faut prendre uniquement
$$76^{\text{r}},3747$$

et
$$400 - 76^{\text{r}},3747 = 323^{\text{r}},6253$$

Les deux angles cherchés sont donc
$$76^{\text{r}},3747 \quad \text{et} \quad 323^{\text{r}},6253.$$

EXERCICES

1. Calculer

$$\log \sin 38°45'12'', \qquad \log \sin 75°17'25'',$$
$$\log \cos 42°17'15'', \qquad \log \cos 83°18'11'',$$
$$\log \operatorname{tg} 12°15'20'', \qquad \log \operatorname{tg} 76°17'15'',$$
$$\log \operatorname{cotg} 17°12'18'', \qquad \log \operatorname{cotg} 64°12'17'',$$
$$\log \sec 13°\,2'\,4'', \qquad \log \sec 82°17'\,3'',$$
$$\log \operatorname{coséc} 12°17'\,8'', \qquad \log \operatorname{coséc} 78°\,2'\,4''.$$

2. Calculer l'angle x inférieur à 90° défini par les relations :

$$\log \sin x = \overline{1},47832, \qquad \log \cos x = \overline{1},65317,$$
$$\log \sin x = \overline{1},97871, \qquad \log \operatorname{tg} x = \overline{1},67894,$$
$$\log \cos x = \overline{1},94715, \qquad \log \operatorname{cotg} x = \overline{1},78293.$$

3. Calculer

$$\log \sin 42^{\mathrm{g}},375, \qquad \log \sin 75^{\mathrm{g}},324,$$
$$\log \cos 23^{\mathrm{g}},745, \qquad \log \cos 90^{\mathrm{g}},4255,$$
$$\log \operatorname{tg} 43^{\mathrm{g}},604, \qquad \log \operatorname{tg} 78^{\mathrm{g}},307,$$
$$\log \operatorname{cotg} 17^{\mathrm{g}},053, \qquad \log \operatorname{cotg} 92^{\mathrm{g}},007.$$

4. Calculer l'angle x inférieur à 100ᵍ défini par les relations :

$$\log \sin x = \overline{1},57348, \qquad \log \cos x = \overline{1},60734,$$
$$\log \sin x = \overline{1},89753, \qquad \log \operatorname{tg} x = \overline{2},30754,$$
$$\log \cos x = \overline{1},90235, \qquad \log \operatorname{cotg} x = \overline{1},78435.$$

5. Calculer

$$\log \sin 1° \ 2' \ 43'', \qquad \log \cos 80° \ 15' \ 7'',$$
$$\log \operatorname{tg} 2° \quad 15'', \qquad \log \operatorname{cotg} 89° \ 1' \ 3'',$$
$$\log \sin 2^{\mathrm{g}},573, \qquad \log \cos 99^{\mathrm{g}},0572,$$
$$\log \operatorname{tg} 1^{\mathrm{g}},037, \qquad \log \operatorname{cotg} 98^{\mathrm{g}},0781.$$

6. Calculer x sachant que l'on a

$$\operatorname{tg} x = -\sqrt{\cos^2 \alpha \cos^2 \beta - \sin^2 \alpha \sin^2 \beta},$$
$$\alpha = 145° \ 14' \ 15'', \qquad \beta = 32° \ 12' \ 14''.$$

7. Partager un arc de 30° en deux parties telles que le sinus de la première soit le triple du sinus de la seconde.

(Bacc. Paris.)

8. Calculer l'angle x tel que

$$\operatorname{tg} 3x = \sqrt{\frac{1 - \operatorname{tg}^2 \alpha}{1 - \operatorname{tg}^2 \beta}},$$
$$\alpha = 27° \ 43' \ 17'', \qquad \beta = 39° \ 18' \ 36''.$$

(Saint-Cyr.)

5

9. Calculer x tel que
$$x^3 = a^3 \sin \alpha + b^3 \cos \alpha,$$
$$a = 18\,928, \qquad b = 20\,842, \qquad \alpha = 115^\circ\ 45'\ 27''.$$
(Saint-Cyr.)

10. Calculer x tel que
$$\sin x = \sin a + \sin (a + r) + \sin (a + 2r),$$
$$a = 18^\circ\ 25'\ 37'' \qquad r = 7^\circ\ 17'\ 26''.$$
(Saint-Cyr.)

11. Calculer x sachant que l'on a
$$\operatorname{tg}^3 x = \frac{1 + 2\cos \alpha}{1 - 2\cos \alpha},$$
$$\alpha = 48^r,354.$$

12. Calculer x sachant que l'on a
$$\sin x + \cos x = \frac{1 + \operatorname{tg} \alpha}{1 - \operatorname{tg} \alpha},$$
$$\alpha = 188^r,454.$$

13. Résoudre les équations
$$x^2 - 148,7\,x + 1385 = 0,$$
$$x^2 - 245,7\,x - 1247,6 = 0,$$
$$x^2 + 16,75\,x + 64,53 = 0,$$
$$x^2 + 75,23\,x - 433,7 = 0.$$

14. Résoudre les équations
$$x^2 \sin \alpha - 2x \cos 2\alpha + \sin 3\alpha = 0,$$
$$x^2 \cos 2\alpha + 2x \sin \alpha - \sin 2\alpha = 0,$$
$$\alpha = 81^r,753.$$

15. Calculer le plus petit des angles x qui satisfont à l'équation
$$\log \sin^2 x = (\log a^3)^2 \operatorname{tg} \alpha.$$
$$\alpha = 146^\circ\ 58'\ 27'', \qquad a = 1,2405.$$
(École centrale.)

16. Calculer le plus petit des angles x qui satisfont à l'équation
$$\operatorname{tg} (60\,x + \alpha) = \sqrt{a^3}\ \log \cos^2 3\alpha.$$
$$\alpha = 51^\circ 25' 32'', \qquad a = 2,0055.$$
(École centrale.)

CHAPITRE II

RÉSOLUTION DES TRIANGLES RECTANGLES

104. Problème général. — Un triangle renferme trois côtés et trois angles ; nous les appellerons les six *éléments* du triangle ; ces éléments ne sont pas distincts, puisque la connaissance de trois éléments, dans lesquels figure un côté au moins, permet de construire le triangle et, par suite, d'évaluer les trois autres éléments ; la géométrie donne le moyen d'effectuer cette construction ; le problème général de la résolution des triangles consiste à *trouver les nombres qui mesurent trois éléments, lorsque l'on connaît les nombres qui mesurent les trois autres, pourvu que ces trois derniers ne soient pas uniquement des angles.*

Nous nous occuperons actuellement de la résolution des triangles rectangles, laissant pour la seconde partie la résolution des triangles quelconques.

105. Notations. — Nous désignerons par A, B, C les nombres qui mesurent en degrés, minutes, secondes sexagésimales ou en grades, les angles d'un triangle ; par

a, b, c les nombres qui mesurent, avec une unité de longueur arbitraire, les côtés opposés respectivement aux angles A, B, C; par S le nombre qui mesure la surface, quand on prend pour unité d'aire l'aire du carré construit sur l'unité de longueur comme côté.

Dans le cas où le triangle est rectangle, on désigne généralement l'angle droit par A et l'hypoténuse par a.

Relations entre les éléments d'un triangle rectangle.

106. Le triangle rectangle ayant un angle connu, l'angle droit, ses éléments arbitraires sont au nombre de *cinq*; la connaissance de deux d'entre eux (autres que les deux angles) détermine le triangle; il doit donc exister entre ces éléments trois relations distinctes; la première est relative aux angles et a été établie en géométrie:

$$A + B + C = 180° \qquad \text{ou} \qquad B + C = 90°,$$

si les angles sont évalués en degrés, et

$$A + B + C = 200^r, \qquad B + C = 100^r,$$

si les angles sont évalués en grades.

D'autres relations sont relatives aux côtés; la géométrie fournit d'abord la relation de Pythagore

$$a^2 = b^2 + c^2.$$

Les théorèmes suivants donnent de nouvelles relations.

107. Théorème I. — *Dans un triangle rectangle, un côté de l'angle droit est égal au produit* (*) *de l'hypoténuse*

(*) Il est bien clair que le mot côté désigne ici le nombre qui mesure le côté

par le cosinus de l'angle aigu adjacent ou par le sinus de l'angle aigu opposé à ce côté.

Choisissons sur les côtés du triangle rectangle ABC (*fig.* 41), les sens BA, BC comme sens positifs, et comme sens de rotation positive le sens de $\overline{BA}$ vers $\overline{BC}$; l'angle géométrique B du triangle est alors mesuré par le nombre positif qui mesure l'angle dirigé BA, BC, et on a (66)

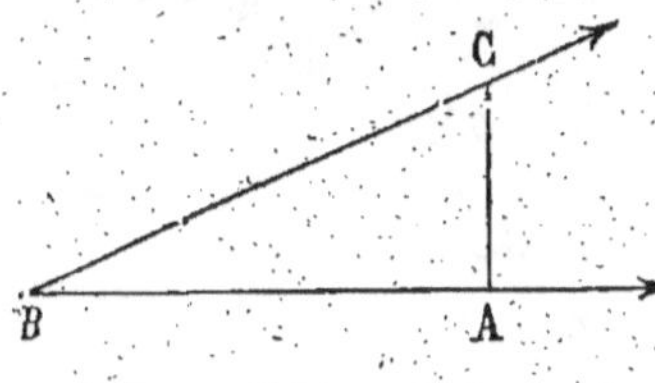

Fig. 41.

$$\overline{BA} = \overline{BC} \cos \widehat{BA, BC},$$

ou, les vecteurs étant positifs, ainsi que le cosinus de l'angle qui est aigu,

$$c = a \cos B.$$

On démontre de même la relation

$$b = a \cos C.$$

Si, d'autre part, on remarque que les angles B et C du triangle sont complémentaires, ces relations peuvent s'écrire

$$c = a \sin C,$$
$$b = a \sin B.$$

108. Théorème II. — *Dans un triangle rectangle, un côté de l'angle droit est égal au produit de l'autre côté par la tangente de l'angle aigu opposé ou par la cotangente de l'angle aigu adjacent au premier côté.*

Le théorème précédent donne

$$\begin{cases} c = a \cos B, \\ b = a \sin B; \end{cases} \qquad \begin{cases} c = a \sin C, \\ b = a \cos C. \end{cases}$$

Divisant membre à membre les deux premières relations, puis les deux autres, on trouve

$$\frac{c}{b} = \frac{\cos B}{\sin B} = \operatorname{cotg} B, \qquad\qquad \frac{c}{b} = \frac{\sin C}{\cos C} = \operatorname{tg} C,$$

$$c = b \operatorname{cotg} B, \qquad\qquad\qquad c = b \operatorname{tg} C.$$

On a de même

$$b = c \operatorname{cotg} C, \qquad\qquad b = c \operatorname{tg} B.$$

109. Nous avons donc la série de relations :

$$B + C = 90° \text{ ou } 100^{\mathrm{r}},$$

$$a^2 = b^2 + c^2,$$

$$\text{(I)} \quad \begin{cases} b = a \cos C, \\ c = a \cos B, \end{cases}$$

$$\text{(II)} \quad \begin{cases} b = a \sin B, \\ c = a \sin C, \end{cases}$$

$$\text{(III)} \quad \begin{cases} b = c \operatorname{tg} B, \\ c = b \operatorname{tg} C, \end{cases}$$

$$\text{(IV)} \quad \begin{cases} b = c \operatorname{cotg} C, \\ c = b \operatorname{cotg} B. \end{cases}$$

Le nombre de ces relations est supérieur à *trois*; elles ne sont donc pas distinctes; on le voit aisément : les relations (II) sont identiques aux relations (I) en vertu de la relation $B + C = 90°$; les relations (III) et (IV) sont identiques et ne sont que deux façons d'écrire les mêmes résultats; elles sont d'ailleurs les conséquences des relations (I) ou (II). Il y a néanmoins intérêt à connaître toutes ces relations et à utiliser tantôt l'une, tantôt l'autre suivant la nature du problème que l'on veut résoudre.

Cas élémentaires de résolution.

110. Premier cas : *Résoudre un triangle rectangle connaissant l'hypoténuse et un angle aigu.*

Données : a, B. — Inconnues : b, c, C.

L'angle C est complémentaire de l'angle B ; il est connu

$$C = 90° - B, \qquad \text{ou} \qquad C = 100^{r} - B.$$

Les côtés b et c sont donnés par les formules

$$b = a \sin B,$$

$$c = a \cos B.$$

La surface du triangle est donnée par

$$S = \frac{bc}{2} = \frac{a^2 \sin B \cos B}{2}.$$

Toutes ces formules sont calculables par logarithmes.

111. Second cas : *Résoudre un triangle rectangle connaissant un côté de l'angle droit et un angle aigu.*

Données : b, B. — Inconnues : a, c, C.

L'angle C est complémentaire de l'angle B

$$C = 90° - B, \qquad \text{ou} \qquad C = 100^{r} - B.$$

L'hypoténuse a est donnée par la relation

$$b = a \sin B, \qquad \text{ou} \qquad a = \frac{b}{\sin B}.$$

L'autre côté de l'angle droit est donné par la formule

$$c = b \cotg B.$$

La surface est

$$S = \frac{bc}{2} = \frac{b^2 \cotg B}{2}.$$

REMARQUE. — Si l'on s'était donné C, le calcul aurait été tout pareil, car l'angle B serait alors connu.

142. Troisième cas : *Résoudre un triangle rectangle connaissant l'hypoténuse et un côté de l'angle droit.*

Données : a, b. — Inconnues : B, C, c.

Les angles sont d'abord déterminés par les relations :

$$b = a \sin B, \qquad \text{ou} \qquad \sin B = \frac{b}{a},$$

$$C = 90° - B, \qquad \text{ou} \qquad C = 100^{\text{r}} - B.$$

Le côté c est donné par la relation

$$c = a \cos B, \qquad \text{ou} \qquad c = b \cotg B.$$

La surface est

$$S = \frac{bc}{2} = \frac{b^2 \cotg B}{2}.$$

DISCUSSION. — L'angle B ne pourra être déterminé que si son sinus $\frac{b}{a}$ est inférieur à l'unité; la condition de possibilité est

$$b < a,$$

ce qui était d'ailleurs évident.

Cette condition étant remplie, on trouve un angle unique B inférieur à 1 droit et ayant $\frac{b}{a}$ pour sinus.

REMARQUE I. — Les formules qui précèdent seront applicables surtout quand a et b seront donnés par leurs logarithmes; il n'y aura alors à calculer qu'un seul logarithme nouveau, celui de sin B.

Si, au contraire, a et b sont donnés effectivement, on aurait à calculer leurs logarithmes, ce qui ferait en tout trois logarithmes à calculer ; on peut alors procéder comme il suit ; on a

$$c^2 = a^2 - b^2,$$
$$c = \sqrt{(a - b)(a + b)}.$$

On calcule directement $a - b$ et $a + b$; on cherche leurs logarithmes et on obtient c par la formule

$$2 \log c = \log (a - b) + \log (a + b).$$

Pour obtenir l'angle C, nous partirons de la relation

$$\cos C = \frac{b}{a},$$

d'où on déduit

$$2 \cos^2 \frac{C}{2} = 1 + \cos C = \frac{a + b}{a},$$

$$2 \sin^2 \frac{C}{2} = 1 - \cos C = \frac{a - b}{a},$$

$$\operatorname{tg}^2 \frac{C}{2} = \frac{a - b}{a + b},$$

$$2 \log \operatorname{tg} \frac{C}{2} = \log (a - b) + \operatorname{colog} (a + b).$$

L'angle B est alors connu, puisque l'on a calculé son complément C ; il a été nécessaire de chercher seulement deux logarithmes, ceux de $a + b$ et de $a - b$.

113. Remarque II. — Dans le second procédé, on a calculé les angles au moyen de leur tangente ; le premier procédé permettait de déterminer l'angle B par son sinus. D'une façon générale, au point de vue de l'exactitude des résultats, on doit autant que possible déterminer un angle par sa

tangente ; si l'on consulte une table de logarithmes, on voit que la variation de la tangente est plus rapide que celle du sinus ou du cosinus ; de telle sorte que quand un angle varie très peu, son cosinus ou son sinus peuvent varier assez peu pour que cette variation n'ait aucune influence sur les logarithmes calculés avec l'approximation des tables, tandis que la variation plus rapide de la tangente peut influer sur les logarithmes. L'angle est donc mieux déterminé par sa tangente ou sa cotangente que par toute autre ligne ; cette remarque est surtout importante quand l'angle est très petit et qu'on s'en donne le cosinus ; cette ligne est alors très voisine de son maximum et varie très lentement.

114. Quatrième cas : *Résoudre un triangle rectangle connaissant les deux côtés de l'angle droit.*

Données : b, c. — *Inconnues :* a, B, C.

L'angle B est déterminé par la relation

$$\operatorname{tg} B = \frac{b}{c}.$$

L'angle C est alors connu, et l'hypoténuse sera fournie par la formule

$$a = \frac{b}{\sin B}.$$

La surface est

$$S = \frac{bc}{2}.$$

REMARQUE. — On pourrait calculer directement l'hypoténuse par la relation

$$a^2 = b^2 + c^2, \qquad a = \sqrt{b^2 + c^2}.$$

Pour rendre cette formule calculable par logarithmes, nous écrivons

$$a = c\sqrt{1 + \frac{b^2}{c^2}},$$

et nous posons

$$\frac{b}{c} = \operatorname{tg}\varphi\,;$$

on a

$$a = c\sqrt{1 + \operatorname{tg}^2\varphi} = \frac{c}{\cos\varphi}.$$

Ce procédé n'offre d'ailleurs aucun avantage, puisque l'on doit calculer un angle φ, qui n'est autre chose que l'angle B.

Disposition pratique des calculs.

115. Pour rendre plus commode la lecture des calculs nécessaires à la résolution d'un triangle, on les dispose de la manière suivante : partageant la feuille en deux parties, on inscrit dans la colonne de gauche les calculs *auxiliaires*, c'est-à-dire les calculs qui fournissent les logarithmes qui figurent dans les formules ; en tête de cette colonne, on inscrit également les données. En tête de la colonne de droite, on inscrira les résultats ; cette colonne contient les calculs *définitifs*, c'est-à-dire ceux qui résultent de l'application des formules.

Premier cas.

$$\text{Données} \begin{cases} a = 4\,758,6 \\ B = 32° 14' 9'' \end{cases} \qquad \text{Inconnues} \begin{cases} C = 57° 45' 51'' \\ b = 2\,538,3 \\ c = 4\,025,1 \end{cases}$$

Formules : $C = 90° - B$, $b = a \sin B$, $c = a \cos B$.

CALCULS AUXILIAIRES	CALCULS DÉFINITIFS

CALCULS AUXILIAIRES

1° *Calcul de* $\log a$.

$$\log 4758 = 3,67742 \qquad \delta = 10$$
$$\text{pour} \quad 0,6 \qquad\qquad 6$$
$$\log a = 3,67748$$

2° *Calcul de* $\log \sin B$.

$$\log \sin 32°14' = \overline{1},72703 \qquad \delta = 20$$
$$\text{pour} \qquad 9'' \qquad\qquad 3$$
$$\log \sin 32°14'9'' = \overline{1},72706$$

3° *Calcul de* $\log \cos B$.

$$\log \cos 32°15' = \overline{1},92723 \qquad \delta = 8$$
$$\text{pour} \quad -51'' \qquad\qquad 6,8$$
$$\log \cos 32°15'9'' = \overline{1},92730$$

CALCULS DÉFINITIFS

1° *Calcul de* C.

$$90° = 89° \quad 59' \quad 60''$$
$$B = 32° \quad 14' \quad 9''$$
$$C = 57° \quad 45' \quad 51''$$

2° *Calcul de* b.

$$\log a = 3,67748$$
$$\log \sin B = \overline{1},72706$$
$$\log b = 3,40454$$
$$\log 2538 = 3,40449 \qquad \delta = 17$$
$$\text{pour} \quad 0,3 \qquad\qquad 5$$
$$\log 2538,3 = 3,40454$$
$$b = 2\,538,3$$

3° *Calcul de* c.

$$\log a = 3,67748$$
$$\log \cos B = \overline{1},92730$$
$$\log c = 3,60478$$
$$\log 4025 = 3,60477 \qquad \delta = 10$$
$$\text{pour} \quad 0,1 \qquad\qquad 1$$
$$\log 4025,1 = 3,60478$$
$$c = 4\,025,1$$

Deuxième cas.

$Données$ $\begin{cases} b = 2538,3 \\ B = 35^{\gamma},8176 \end{cases}$ $Inconnues$ $\begin{cases} C = 64^{\gamma},1824 \\ a = 4758,6 \\ c = 4025,1 \end{cases}$

$Formules :$ $C = 100^{\gamma} - B,$ $a = \dfrac{b}{\sin B},$ $c = b \operatorname{cotg} B.$

CALCULS AUXILIAIRES

1° $Calcul\ de$ log b.

$\log 2538 = 3,404\,49$ $\delta = 17$
pour   0,3   5
$\log b = 3,404\,54$

2° $Calcul\ de$ colog sin B.

$\log \sin 35^{\gamma},81 = \overline{1},726\,98$ $\delta = 10$
pour   76   7,6
$\log \sin B = \overline{1},727\,06$
colog sin B $= 0,272\,94$

2° $Calcul\ de$ log cotg B.

$\log \operatorname{cotg} 35^{\gamma},82 = 0,200\,20$ $\delta = 16$
    pour   —2   32
    pour   —4   0 64
$\log \operatorname{cotg} 35^{\gamma},8176 = 0,200\,24$

CALCULS DÉFINITIFS

1° $Calcul\ de$ C.

  100^{γ}
  $35^{\gamma},8176$
$C = 64^{\gamma},1824$

2° $Calcul\ de$ a.

$\log b = 3,404\,54$
colog sin B $= 0,272\,94$
$\log a = 3,677\,48$
$\log 4758 = 3,677\,42$ $\delta = 10$
pour   0,6   6
$\log 4758,6 = 3,677\,48$
$a = 4758,6$

3° $Calcul\ de$ c.

$\log b = 3,404\,54$
$\log \operatorname{cotg} B = 0,200\,24$
$\log c = 3,604\,78$
$\log 4025 = 3,604\,77$ $\delta = 10$
pour   0,1   1
$\log 4025,1 = 3,604\,78$
$c = 4025,1$

Troisième cas.

$$\text{Donn\'ees} \begin{cases} a = 374{,}09 \\ b = 205{,}45 \end{cases} \qquad \text{Inconnues} \begin{cases} B = 33^\circ\ 18'\ 44'' \\ C = 56^\circ\ 41'\ 16'' \\ c = 312{,}62 \end{cases}$$

$$\text{Formules :} \quad \operatorname{tg}\frac{C}{2} = \sqrt{\frac{a-b}{a+b}}, \quad B = 90^\circ - c, \quad C = \sqrt{(a-b)(a+b)}$$

CALCULS AUXILIAIRES

$$a - b = 168{,}64$$
$$a + b = 579{,}54$$

1° Calcul de $\log (a-b)$.

$$\log 168{,}6 = 2{,}226\,86 \qquad \delta = 26$$
$$\text{pour} \qquad 4 \qquad\qquad 10$$

$$\log (a-b) = 2{,}226\,96$$

2° Calcul de $\log (a+b)$.

$$\log 579{,}5 = 2{,}763\,05 \qquad \delta = 8$$
$$\text{pour} \qquad 4 \qquad\qquad 3$$

$$\log (a+b) = 2{,}763\,08$$
$$\operatorname{colog} (a+b) = \overline{3}{,}236\,92$$

CALCULS DÉFINITIFS

1° Calcul de C.

$$\log (a-b) = 2{,}226\,96$$
$$\operatorname{colog} (a+b) = \overline{3}{,}236\,92$$

$$2 \log \operatorname{tg} \frac{C}{2} = \overline{1}{,}463\,88$$

$$\log \operatorname{tg} \frac{C}{2} = \overline{1}{,}731\,94$$

$$\log \operatorname{tg} 28^\circ 20' = \overline{1}{,}731\,75 \qquad \delta = 30$$
$$\text{pour} \qquad 30'' \qquad\qquad 15$$
$$\text{pour} \qquad 8'' \qquad\qquad 4$$

$$\log \operatorname{tg} 28^\circ 20' 38'' = \overline{1}{,}731\,94$$
$$\frac{C}{2} = 28^\circ 20' 38''$$
$$C = 56^\circ\ 41'\ 16''$$

2° Calcul de B.

$$90^\circ = 89^\circ\ 59'\ 60''$$
$$C = 56^\circ\ 41'\ 16''$$

$$B = 33^\circ\ 18'\ 44''$$

3° Calcul de c.

$$\log (a-b) = 2{,}226\,96$$
$$\log (a+b) = 2{,}763\,08$$

$$2 \log c = 4{,}990\,04$$
$$\log c = 2{,}495\,02$$
$$\log 312{,}6 = 2{,}494\,99 \qquad \delta = 14$$
$$\text{pour} \qquad 2 \qquad\qquad 2{,}8$$

$$\log 312{,}62 = 2{,}495\,02$$
$$C = 312{,}62$$

Quatrième cas.

$$\textit{Données} \begin{cases} b = 458,75 \\ c = 543,14 \end{cases} \qquad \textit{Inconnues} \begin{cases} B = 44^r,6507 \\ C = 55^r,3493 \\ a = 710,95 \end{cases}$$

$$\textit{Formules}: \operatorname{tg} B = \frac{b}{c}, \qquad C = 100^r - B, \qquad a = \frac{b}{\sin B}.$$

CALCULS AUXILIAIRES

1° Calcul de log b.

$$\log 458,7 = 2,661\,53 \qquad \delta = 9$$
$$\text{pour} \qquad 5 \qquad\qquad 4,5$$
$$\log b = 2,661\,58$$

2° Calcul de colog c.

$$\log 543,1 = 2,734\,88 \qquad \delta = 8$$
$$\text{pour} \qquad 4 \qquad\qquad 3,2$$
$$\log c = 2,734\,91$$
$$\operatorname{colog} c = \overline{3},265\,09$$

3° Calcul de colog sin B.

$$\log \sin 44^r,65 = \overline{1},809\,73 \qquad \delta = 8$$
$$\text{pour} \qquad 07 \qquad\qquad 056$$
$$\log \sin 44^r,6507 = \overline{1},809\,74$$
$$\operatorname{colog} \sin B = 0,190\,26$$

CALCULS DÉFINITIFS

1° Calcul de B.

$$\log b = 2,661\,58$$
$$\operatorname{colog} c = \overline{3},265\,09$$
$$\log \operatorname{tg} B = \overline{1},926\,67$$
$$\log \operatorname{tg} 44^r,65 = \overline{1},926\,66 \qquad \delta = 14$$
$$\text{pour} \qquad 07 \qquad\qquad 098$$
$$\log \operatorname{tg} 44^r,6507 = \overline{1},926\,67$$
$$B = 44^r,6507$$

2° Calcul de C.

$$100^r = 100^r$$
$$B = 44,6507$$
$$C = 55^r,3493$$

3° Calcul de a.

$$\log b = 2,661\,58$$
$$\operatorname{colog} \sin B = 0,190\,26$$
$$\log a = 2,851\,84$$
$$\log 710,9 = 2,851\,81 \qquad \delta = 6$$
$$\text{pour} \qquad 5 \qquad\qquad 3$$
$$\log 710,95 = 2,851\,84$$
$$a = 710,95$$

116. Les quatre cas que nous avons examinés sont les seuls qui se présentent lorsqu'on détermine un triangle rectangle par deux éléments; mais il est manifeste que l'on peut se proposer un grand nombre d'autres problèmes, dans lesquels les données ne sont pas uniquement les angles et les côtés; la résolution de ces problèmes ne diffère de celle des problèmes d'algèbre que par l'introduction des lignes trigonométriques; nous nous bornerons à traiter quelques exemples.

Exemple I : *Résoudre un triangle rectangle connaissant le périmètre 2p et un angle aigu B.*

L'autre angle C est connu ; c'est le complément de B. Pour calculer les côtés, écrivons que le périmètre est $2p$:

$$a + b + c = 2p,$$

ou, en remplaçant b et c par les valeurs

$$(1) \qquad b = a \sin B, \qquad c = a \cos B,$$

$$a(1 + \sin B + \cos B) = 2p,$$

$$a = \frac{2p}{1 + \sin B + \cos B}.$$

On connaît a et les relations (1) fournissent b et c ; le problème est toujours possible puisque l'on a une valeur positive pour a et que l'on sait construire un triangle dont on connaît l'hypoténuse et les angles. Pour que l'on puisse faire le calcul à l'aide des tables de logarithmes, il faut transformer

$$1 + \sin B + \cos B$$

en produit.

On a

$$1 + \cos B = 2 \cos^2 \frac{B}{2}, \quad \sin B = 2 \sin \frac{B}{2} \cos \frac{B}{2},$$

$$+ \sin B + \cos B = 2 \cos^2 \frac{B}{2} + 2 \sin \frac{B}{2} \cos \frac{B}{2}$$

$$= 2 \cos \frac{B}{2} \left(\cos \frac{B}{2} + \sin \frac{B}{2} \right),$$

$$= 2 \cos \frac{B}{2} \left[\sin \frac{B}{2} + \sin \left(90° - \frac{B}{2} \right) \right]$$

$$= 4 \cos \frac{B}{2} \sin 45° \cos \left(45° - \frac{B}{2} \right),$$

et

$$a = \frac{p}{\sqrt{2} \cos \frac{B}{2} \cos \left(45° - \frac{B}{2} \right)},$$

en supposant l'angle évalué en degrés; s'il était évalué en grades, on aurait

$$a = \frac{p}{\sqrt{2} \cos \frac{B}{2} \cos \left(50^r - \frac{B}{2} \right)}.$$

Exemple II : *Résoudre un triangle rectangle connaissant l'hypoténuse a et la somme l des deux autres côtés.*

Exprimons les côtés b et c à l'aide de l'hypoténuse et de l'angle aigu B et écrivons que leur somme est l :

$$a \sin B + a \cos B = l,$$

$$\sin B + \cos B = \frac{l}{a}.$$

Cette relation peut s'écrire

$$\sin B + \sin (90° - B) = 2 \sin 45° \cos (45° - B) = \frac{l}{a},$$

$$\cos(45° - B) = \frac{l}{a\sqrt{2}}.$$

Cette formule permet de calculer, à l'aide des tables, l'angle B ; on en déduit l'angle C et les côtés b et c.

$$b = a \sin B, \qquad c = a \cos B.$$

Discussion. — Le problème est possible si l'on peut trouver l'angle B aigu ; il faut et il suffit que $45° - B$ soit compris entre $45°$ et $-45°$, autrement dit que le cosinus soit compris entre 1 et $\frac{\sqrt{2}}{2}$:

$$1 > \frac{l}{a\sqrt{2}} > \frac{\sqrt{2}}{2},$$

$$a\sqrt{2} > l > a.$$

Si ces conditions sont remplies, on trouve pour l'angle $45° - B$ deux valeurs opposées α et $-\alpha$ et pour B les valeurs

$$45° - \alpha \qquad \text{et} \qquad 45° + \alpha.$$

Il semble qu'il y ait deux solutions ; mais si l'on remarque la somme de ces angles est $90°$, on voit que l'un étant B, l'autre sera C ; il n'y a donc en réalité qu'un seul triangle répondant à l'énoncé et ses angles aigus sont

$$45° - \alpha \qquad \text{et} \qquad 45° + \alpha.$$

EXERCICES

I. Si l'on désigne par $2p$ le périmètre d'un triangle rectangle, par r, r_a, r_b, r_c les rayons du cercle inscrit et des cercles exinscrits situés respectivement dans les angles A, B, C, on a

$$b \cos B + c \cos C = 2a \sin B \sin C, \qquad \cos(B-C) = \frac{2bc}{a^2},$$

$$(1 + \cos B)(1 + \cos C) = \frac{2p^2}{a^2}, \qquad \cos(2C - B) = \frac{c}{a^3}(3a^2 - 4c^2),$$

$$\operatorname{tg}\frac{B}{2} = \frac{a-c}{b} = \frac{b}{a+c}, \qquad r = (p-b)\operatorname{tg}\frac{B}{2} = (p-c)\operatorname{tg}\frac{C}{2},$$

$$S = pr = (p-a)\, r_a = (p-b)\, r_b = p(p-a)$$
$$= (p-b)(p-c) = r r_a = r_b r_c,$$

$$r_a - r = r_b + r_c = a, \qquad \sin^2\frac{B}{2} + \sin^2\frac{C}{2} = \frac{1}{2} - \frac{r}{a},$$

$$\frac{1}{r} = \frac{1}{r_a} + \frac{1}{r_b} + \frac{1}{r_c}, \qquad \sin\frac{B}{2}\sin\frac{C}{2} = \frac{r\sqrt{2}}{2a},$$

$$\frac{2a}{r} = \left(\frac{r_a}{r}-1\right)\left(\frac{r_b}{r}-1\right)\left(\frac{r_c}{r}-1\right), \qquad r_b = p\operatorname{tg}\frac{B}{2},$$

$$1 + \sin B + \sin C = \frac{2p}{a}, \qquad \operatorname{tg}\frac{B}{2}\operatorname{tg}\frac{C}{2} = \frac{r}{p},$$

$$\sin B \sin C = \frac{2pr}{a^2}, \qquad r_a r_b r_c \cot g\frac{B}{2}\cot g\frac{C}{2} = p^3.$$

2. Si l'on désigne par d, d_a, d_b, d_c les distances du milieu de l'hypoténuse aux centres des cercles inscrit et exinscrits, on a

$$4d^2 = a^2 - 4ar, \qquad 4d_a^2 = a^2 + 4ar_a$$
$$4d_b^2 = a^2 + 4ar_b, \qquad 4d_c^2 = a^2 + 4ar_c.$$

3. Si O, O_a, O_b, O_c sont les centres des cercles inscrit et exinscrits, on a

$$OO_a = a\sqrt{2}, \qquad OO_b = \frac{b}{\cos\dfrac{B}{2}}, \qquad OO_c = \frac{c}{\cos\dfrac{C}{2}},$$

$$O_b O_c = a\sqrt{2}, \qquad O_c O_a = \frac{b}{\sin\dfrac{B}{2}}, \qquad O_a O_b = \frac{c}{\sin\dfrac{C}{2}},$$

$$\overline{OO_a}^2 + \overline{OO_b}^2 + \overline{OO_c}^2 + \overline{O_b O_c}^2 + \overline{O_c O_a}^2 + \overline{O_a O_b}^2 = 12a^2.$$

4. Résoudre un triangle rectangle connaissant :

1° $a = 788,45,$ $B = 42° 16' 14''.$

2° $a = 643,25,$ $B = 37^r,458.$

3° $b = 675,47,$ $B = 32° 12' 45''.$

4° $b = 208,07,$ $B = 15^r,675.$

5° $a = 678,52,$ $b = 432,64.$

6° $b = 754,65,$ $c = 642,84.$

Dans les deux derniers cas, on calculera successivement les angles en degrés et en grades.

5. Résoudre un triangle rectangle connaissant :
1° La hauteur h relative à l'hypoténuse et l'angle aigu B ; appliquer au cas de $h = 457,8,$ $B = 40° 12' 15'',$
2° Les segments p et q déterminés par la hauteur sur l'hypoténuse ; application à $p = 45,74,$ $q = 14,754,$
3° Un angle aigu B et la différence l des côtés de l'angle droit ; application à $B = 72^r,475,$ $l = 275,32,$
4° L'angle B et la somme s ou la différence d de l'hypoténuse et de la hauteur ; application à $B = 14° 15' 35'',$ $s = 145,62,$ $d = 52,64,$
5° Le périmètre $2p$ et le rayon r du cercle inscrit ; application à $p = 475,82,$ $r = 82,75,$
6° Le rayon r du cercle inscrit et l'angle aigu B ; application à $r = 47,875,$ $B = 52^r,756.$

6. Démontrer qu'entre les distances α, β, γ du centre du cercle inscrit dans un triangle rectangle aux sommets A, B, C, on a la relation

$$\frac{1}{\alpha^2} = \frac{1}{\beta^2} + \frac{1}{\gamma^2} + \frac{\sqrt{2}}{\beta\gamma}.$$

(Baccalauréat.)

7. Résoudre un triangle rectangle connaissant l'hypoténuse a et le rapport $\dfrac{r}{r_a}.$

8. Calculer les angles d'un triangle rectangle connaissant l'angle α sous lequel se coupent les médianes issues des sommets B et C.
(Baccalauréat.)

9. Dans un triangle rectangle ABC, la bissectrice AD divise l'hypoténuse en moyenne et extrême raison ; exprimer dans cette hypothèse, en fonction de l'hypoténuse, les deux côtés de l'angle droit, la bissectrice et la hauteur issues du sommet A.

(Baccalauréat.)

10. Partager un arc inférieur à π en deux parties additives telle que :

1° La somme des cordes soit maximum ;

2° Le produit des cordes soit maximum ;

3° La somme des carrés des cordes soit minimum

11. On prend sur une droite OX un point A et on abaisse de ce point une perpendiculaire AA' sur une droite OY qui fait avec la première l'angle α ; on projette A' en A" sur OX, A" en A"' sur OY, etc. ; trouver la limite de la somme $AA' + A'A'' + \cdots$

(Baccalauréat.)

12. Résoudre un triangle rectangle connaissant l'hypoténuse et la distance des projections des sommets des angles aigus sur la bissectrice de l'angle droit.

13. Résoudre un triangle rectangle connaissant l'hypoténuse, un angle et sa bissectrice.

14. Dans un trapèze rectangle ABCD, on connaît la hauteur AB, la diagonale BD et l'angle C ; résoudre ce trapèze.

15. Dans un trapèze rectangle, on donne les diagonales et la hauteur ; trouver les côtés et les angles.

16. Dans un trapèze rectangle, on donne les bases et un angle ; trouver les autres côtés et les diagonales.

17. On donne un cercle O et un point A pris dans son plan ; mener par ce point une sécante AMM' telle que l'aire du triangle OMM' soit égale à k^2. (On prendra pour inconnue l'angle que fait la sécante avec la droite OA).

18. Calculer les rayons de cercles orthogonaux connaissant la distance des centres d et la longueur l interceptée par les deux cercles sur le diamètre commun. Examiner les différents cas.

19. Un prisme droit a pour base un rectangle de côtés a, b ; on le coupe par un plan passant par un côté de la base ; quelle doit être l'inclinaison de ce plan sur le plan de base pour que l'aire de la section soit dans un rapport m avec l'aire du rectangle ?

20. Même problème, en déterminant le plan sécant de façon que le périmètre de la section soit donné.

21. Même problème, en déterminant le plan sécant de façon que le volume du corps ainsi limité soit égal à m^3.

22. Même problème, en déterminant le plan sécant de façon que la surface totale de ce corps soit égale à m^2.

23. Trouver les angles et les côtés d'un losange, connaissant le rayon du cercle inscrit et la surface.

24. Trouver les angles et les côtés d'un losange, connaissant la différence des diagonales et la surface.

25. Résoudre un triangle rectangle connaissant la hauteur et sachant que l'on a
$$\sin B = m \cos B.$$

26. On donne un cercle de centre O et de rayon R ; trouver un point A tel que si l'on mène la tangente AT, on ait :
$$OT + AT = m . OA.$$
Calculer l'angle TOA.

27. On considère un cercle de rayon R et deux tangentes rectangulaires fixes. Mener une tangente telle que la hauteur du triangle qu'elle détermine avec les deux premières soit égale à h. (On prendra pour inconnue l'angle de cette tangente avec l'une des deux premières.)

28. On considère un quadrant dont les rayons extrêmes sont OA, OB ; trouver l'angle que fait avec OA un rayon OM, sachant que l'aire du triangle déterminé par la tangente en M et les rayons OA, OB prolongés est dans un rapport donné m avec l'aire du rectangle déterminé par les perpendiculaires abaissées de M sur OA et OB.

29. Même problème, en supposant que l'on donne la somme ou la différence de ces aires.

30. On donne une demi-circonférence de diamètre AB ; trouver l'angle que fait une corde AM avec AB, sachant que le produit AM $\times$ BM est égal à k^2.

DEUXIÈME PARTIE

LIVRE I

CHAPITRE I

DIVISION DES ARCS

117. Problème général. — Le problème général de la division des arcs consiste dans le calcul des lignes trigonométriques des sous-multiples d'un arc, en supposant connues les lignes ou tout au moins une des lignes de cet arc. Ce problème peut être considéré à deux points de vue différents : on peut se donner un arc bien déterminé a dont on connaît les lignes trigonométriques et chercher les lignes de l'arc $\dfrac{a}{m}$; ce dernier arc est alors bien déterminé et il en est de même de ses lignes trigonométriques; on devra trouver pour chacune d'elles une valeur unique bien déterminée. On peut encore se donner une ligne trigonométrique à laquelle correspondent une infinité d'arcs, prendre les sous-multiples de ces arcs et en calculer les lignes trigonométriques en fonction de la ligne donnée ; en général, tous ces arcs n'auront pas les mêmes lignes trigonométriques et le problème admettra plusieurs solutions.

Supposons, par exemple, qu'on se donne un nombre b qui est la tangente d'un arc inconnu et qu'on se propose de calculer les lignes trigonométriques de l'arc qui est le tiers du précédent.

Si α est un des arcs ayant b pour tangente, tous les arcs qui admettent b pour tangente sont mesurés par

$$k\pi + \alpha;$$

comme rien ne précise l'arc considéré, nous devons prendre le tiers de chacun d'eux ; on est ainsi conduit à chercher les lignes trigonométriques de chacun des arcs

$$\frac{k\pi}{3} + \frac{\alpha}{3}.$$

Bornons-nous à la recherche des tangentes ; on ne change pas la valeur d'une tangente en augmentant ou en diminuant l'arc d'un multiple de π ; or, k est un multiple de 3, un multiple de 3 augmenté de 1 ou un multiple de 3 augmenté de 2 ; $\frac{k\pi}{3}$ sera donc un multiple de π, un multiple de π augmenté de $\frac{\pi}{3}$ ou un multiple de π augmenté de $\frac{2\pi}{3}$; de telle sorte que nous aurons toutes les tangentes en calculant celles des arcs

$$\frac{\alpha}{3}, \quad \frac{\pi}{3} + \frac{\alpha}{3}, \quad \frac{2\pi}{3} + \frac{\alpha}{3},$$

Nous trouverons en général trois valeurs distinctes : on

verrait de même que l'on trouve six valeurs distinctes pour le sinus et pour le cosinus.

Le problème de la division des arcs se résout en faisant usage des formules de multiplication, dans lesquelles on ne précise pas les arcs qui y figurent ; c'est donc sous le dernier point de vue que nous aurons la solution du problème ; si l'on veut ensuite se placer au premier point de vue, il faudra discuter les résultats obtenus afin de choisir la valeur qui convient à l'arc unique considéré.

118. Problème I. — Connaissant $\cos a$, calculer les lignes trigonométriques de l'arc $\dfrac{a}{2}$.

1° On connaît le cosinus et on ne connaît pas l'arc.

Les formules de multiplication donnent

$$\cos 2a' = 2 \cos^2 a' - 1,$$

$$\cos 2a' = 1 - 2 \sin^2 a',$$

ou, en remplaçant a' par $\dfrac{a}{2}$,

$$\cos a = 2 \cos^2 \frac{a}{2} - 1,$$

$$\cos a = 1 - 2 \sin^2 \frac{a}{2} ;$$

on en déduit

$$\cos \frac{a}{2} = \pm \sqrt{\frac{1 + \cos a}{2}}, \qquad \sin \frac{a}{2} = \pm \sqrt{\frac{1 - \cos a}{2}}.$$

Les signes placés devant les radicaux sont indépendants ; si l'on divise alors ces égalités membres à membres, on a

$$\operatorname{tg} \frac{a}{2} = \pm \sqrt{\frac{1 - \cos a}{1 + \cos a}}.$$

Ces valeurs conviennent, puisque le nombre donné pour cos a est supposé compris entre -1 et $+1$.

On trouve donc deux séries de valeurs pour le sinus, le cosinus et la tangente ; on en déduit deux séries de valeurs pour les autres lignes trigonométriques, qui sont les inverses des premières ; dans tout ce qui suivra, nous ne nous occuperons que de celles-ci.

Les doubles valeurs sont faciles à expliquer, comme nous l'avons indiqué au début: se donner cos a, c'est se donner tous les arcs

$$2k\pi \pm a,$$

a étant l'un quelconque des arcs ayant le cosinus donné ; les arcs moitiés sont compris dans l'expression

$$k\pi \pm \frac{a}{2}.$$

On ne modifie pas les valeurs des lignes trigonométriques en retranchant un multiple pair de π, de sorte qu'il suffit, pour avoir toutes les lignes trigonométriques des arcs précédents, de calculer celles des arcs

$$\frac{a}{2}, \quad -\frac{a}{2},$$

qui correspondent à k pair, et

$$\pi + \frac{a}{2}, \quad \pi - \frac{a}{2},$$

qui correspondent à k impair.

Les arcs $\dfrac{a}{2}$ et $\pi - \dfrac{a}{2}$ ont même sinus.

Les arcs $-\dfrac{\alpha}{2}$ et $\pi+\dfrac{\alpha}{2}$ ont même sinus, opposé au précédent.

Il y a donc deux valeurs opposées pour le sinus.

Les arcs $\dfrac{\alpha}{2}$ et $-\dfrac{\alpha}{2}$ ont même cosinus.

Les arcs $\pi-\dfrac{\alpha}{2}$ et $\pi+\dfrac{\alpha}{2}$ ont même cosinus, opposé au précédent.

Il y a donc deux valeurs opposées pour le cosinus.

Les arcs $\dfrac{\alpha}{2}$ et $\pi+\dfrac{\alpha}{2}$ ont même tangente.

Les arcs $-\dfrac{\alpha}{2}$ et $\pi-\dfrac{\alpha}{2}$ ont même tangente, opposée à la précédente.

Il y a donc deux valeurs opposées pour la tangente.

2° *On connaît l'arc.*

La moitié de l'arc est alors déterminée et le signe de ses lignes trigonométriques est connu ; on prendra alors devant chaque radical le signe convenable et on aura une seule valeur pour chaque ligne trigonométrique.

EXEMPLE : *L'arc de 315° a pour cosinus* $\dfrac{\sqrt{2}}{2}$; *trouver les lignes trigonométriques de l'arc moitié.*

L'arc moitié est l'arc de $\dfrac{315°}{2}$ ou 157°30' ; son extrémité est dans le second quadrant ; son sinus est positif, sa tangente et son cosinus sont négatifs ; l'application des formules trouvées donne

$$\sin 157°30' = \sqrt{\dfrac{1-\dfrac{\sqrt{2}}{2}}{2}} = \dfrac{1}{2}\sqrt{2-\sqrt{2}},$$

$$\cos 157^\circ 30' = -\sqrt{\dfrac{1+\dfrac{\sqrt{2}}{2}}{2}} = -\dfrac{1}{2}\sqrt{2+\sqrt{2}},$$

$$\operatorname{tg} 157^\circ 30' = -\sqrt{\dfrac{2-\sqrt{2}}{2+\sqrt{2}}} = -\sqrt{\dfrac{(2-\sqrt{2})^2}{(2+\sqrt{2})(2-\sqrt{2})}}$$

$$= 1 - \sqrt{2}.$$

119. Solution géométrique. — On peut se proposer de construire les vecteurs qui représentent les lignes dont nous avons calculé les mesures ; nous retrouverons ainsi les résultats qui précèdent.

1° *On donne le cosinus.* — Soit b le nombre donné compris entre -1 et $+1$; si $\overline{OP}$ est le vecteur mesuré

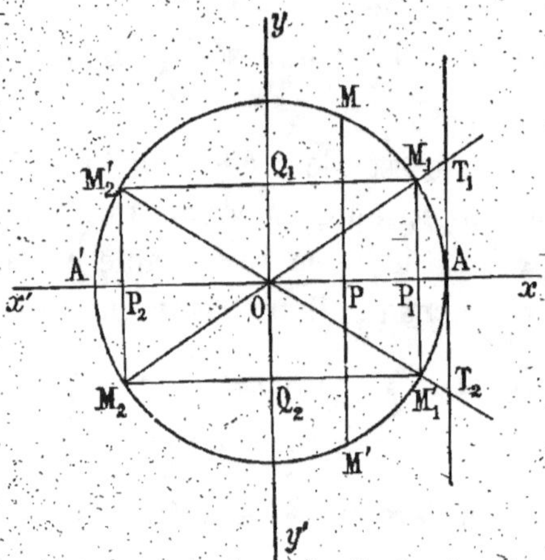

Fig. 42.

par b et porté sur $x'Ox$ (*fig.* 42), les arcs correspondants sont terminés en M ou en M'. La moitié du plus petit arc positif AM est terminée en M_1 ; la moitié de l'arc AM déduit du précédent par l'adjonction d'une circonférence, se déduira de l'arc AM_1 par l'adjonction d'une demi-circonférence et sera terminée en M_2, symétrique de M_1 par rapport au centre; si maintenant on augmente ou diminue d'un nombre pair de circonférences le plus petit arc AM, sa moitié sera augmentée ou diminuée d'un nombre entier de circonférences et sera toujours un arc terminé en M_1; si on ajoute ou retranche un nombre impair de circonférences au plus petit arc AM, la moitié est augmentée ou diminuée d'une demi-circonférence et d'un nombre entier de circonférences et l'arc moitié est terminé en M_2.

Relativement aux arcs AM', nous pouvons répéter le même raisonnement en considérant l'arc négatif de plus petite valeur absolue; les extrémités des arcs moitiés seront symétriques des points M_1, M_2 par rapport à $x'Ox$; soient M_1' et M_2' ces extrémités.

Les sinus, cosinus et tangentes sont représentés par les vecteurs

$$\overline{OQ_1},\ \overline{OQ_2}, \qquad \overline{OP_1},\ \overline{OP_2}, \qquad \overline{AT_1},\ \overline{AT_2}$$

et, comme la figure $M_1M_1'M_2M_2'$ est un rectangle, ces vecteurs sont deux à deux opposés.

2° *On donne l'arc.* — Supposons que l'arc donné soit l'arc parcouru dans le sens négatif et terminé en M après que le mobile a parcouru deux circonférences; pour avoir sa moitié, nous prendrons l'arc formé d'une circonférence puis d'un arc moitié de l'arc géométrique AM décrit dans le sens négatif; ceci revient à parcourir l'arc inférieur AA', puis à revenir en arrière en parcourant un arc moitié du plus petit arc AM; l'extrémité est donc M_2 et on a

$$\cos \widehat{AM_2} = \overline{OP_2}, \qquad \sin \widehat{AM_2} = \overline{OQ_2}, \qquad \operatorname{tg} \widehat{AM_2} = \overline{AT_1}.$$

120. Connaissant sin a, calculer les lignes trigonomé-triques de $\dfrac{a}{2}$.

1° *On connaît le sinus et on ne connaît pas l'arc.*

La formule de multiplication donne

$$\sin 2a' = 2 \sin a' \cos a',$$

ou, remplaçant a' par $\dfrac{a}{2}$,

$$\sin a = 2 \sin \frac{a}{2} \cos \frac{a}{2}.$$

On a, d'autre part, la relation

$$1 = \sin^2 \frac{a}{2} + \cos^2 \frac{a}{2}.$$

Ces deux relations constituent un système de deux équations aux deux inconnues $\sin \dfrac{a}{2}$ et $\cos \dfrac{a}{2}$.

Ajoutons et retranchons successivement membres à membres ces relations, on a

$$\begin{cases} 1 + \sin a = \sin^2 \dfrac{a}{2} + \cos^2 \dfrac{a}{2} + 2 \sin \dfrac{a}{2} \cos \dfrac{a}{2} \\[2mm] 1 - \sin a = \sin^2 \dfrac{a}{2} + \cos^2 \dfrac{a}{2} - 2 \sin \dfrac{a}{2} \cos \dfrac{a}{2} \end{cases}$$

ou

$$\begin{cases} \left(\sin \dfrac{a}{2} + \cos \dfrac{a}{2}\right)^2 = 1 + \sin a, \\[3mm] \left(\sin \dfrac{a}{2} - \cos \dfrac{a}{2}\right)^2 = 1 - \sin a. \end{cases}$$

Désignons par ε et ε' deux quantités égales à $+1$ ou

—1; on pourra écrire

$$\left\{ \begin{aligned} \sin \frac{a}{2} + \cos \frac{a}{2} &= \varepsilon\sqrt{1 + \sin a}, \\ \sin \frac{a}{2} - \cos \frac{a}{2} &= \varepsilon'\sqrt{1 - \sin a}. \end{aligned} \right.$$

L'introduction des lettres ε, ε' à la place des doubles signes a l'avantage de ne rien préjuger sur la correspondance entre les signes qui figurent devant les radicaux, ces signes étant ici indépendants l'un de l'autre.

Si l'on ajoute et si l'on retranche membres à membres successivement les équations obtenues, on trouve, après division par 2,

$$\sin \frac{a}{2} = \frac{1}{2}\left[\varepsilon\sqrt{1 + \sin a} + \varepsilon'\sqrt{1 - \sin a}\right],$$

$$\cos \frac{a}{2} = \frac{1}{2}\left[\varepsilon\sqrt{1 + \sin a} - \varepsilon'\sqrt{1 - \sin a}\right].$$

Divisant membres à membres, on a la valeur de $\operatorname{tg} \frac{a}{2}$:

$$\operatorname{tg} \frac{a}{2} = \frac{\varepsilon\sqrt{1 + \sin a} + \varepsilon'\sqrt{1 - \sin a}}{\varepsilon\sqrt{1 + \sin a} - \varepsilon'\sqrt{1 - \sin a}}.$$

Les lettres ε, ε' peuvent être remplacées indifféremment par les signes $+$ et $-$; on pourra à chaque valeur de ε faire correspondre deux valeurs pour ε', ce qui donne quatre combinaisons de signes; à chaque combinaison correspond pour le sinus et pour le cosinus une valeur; on trouve donc quatre valeurs pour le sinus et quatre valeurs pour le cosinus.

Relativement à la tangente, nous pouvons remarquer que si l'on change simultanément les signes ε, ε', les deux termes de la fraction changent de signe en conservant la même valeur absolue; la tangente conserve la même valeur; les quatre combinaisons de signe fournissent deux à deux la même valeur pour $\operatorname{tg} \dfrac{a}{2}$, qui a ainsi seulement deux valeurs distinctes : l'une correspond à $\varepsilon = \varepsilon' = \pm 1$, l'autre à $\varepsilon = -\varepsilon' = \pm 1$.

Ces résultats trouvent leur explication dans les remarques faites au début comme nous allons le montrer brièvement, suivant la même méthode que dans le problème précédent.

Si α est un des arcs ayant pour sinus le sinus donné, tous les arcs qui ont ce même sinus sont

$$a = 2k\pi + \alpha \qquad \text{et} \qquad a = (2k + 1)\pi - \alpha.$$

Les moitiés de ces arcs sont

$$\frac{a}{2} = k\pi + \frac{\alpha}{2} \qquad \text{et} \qquad \frac{a}{2} = k\pi + \frac{\pi}{2} - \frac{\alpha}{2}.$$

On ne change pas les lignes trigonométriques en supprimant dans l'arc un multiple pair de π; si k est pair, il suffit de considérer les arcs

$$\frac{\alpha}{2} \qquad \text{et} \qquad \frac{\pi}{2} - \frac{\alpha}{2}.$$

Si k est impair, il suffit de considérer les arcs

$$\pi + \frac{\alpha}{2} \qquad \text{et} \qquad \pi + \frac{\pi}{2} - \frac{\alpha}{2}.$$

Nous trouvons donc quatre arcs au plus dont les lignes trigonométriques sont distinctes; il reste à voir si ces lignes sont réellement distinctes.

Relativement au sinus, la condition nécessaire et suffisante pour que deux arcs aient même sinus est que leur différence soit un multiple pair de π ou que leur somme soit un multiple impair de π.

La différence entre $\dfrac{\alpha}{2}$ et $\dfrac{\pi}{2} - \dfrac{\alpha}{2}$ ou $\pi + \dfrac{\pi}{2} - \dfrac{\alpha}{2}$ contient α, elle n'est donc pas en général multiple de π; la différence entre $\dfrac{\alpha}{2}$ et $\pi + \dfrac{\alpha}{2}$ est π, elle n'est pas multiple pair de π; de même, la différence entre $\dfrac{\pi}{2} - \dfrac{\alpha}{2}$ et $\pi + \dfrac{\alpha}{2}$ contient α et n'est pas en général multiple de π; la différence entre $\dfrac{\pi}{2} - \dfrac{\alpha}{2}$ et $\pi + \dfrac{\pi}{2} - \dfrac{\alpha}{2}$ est π; enfin, la différence entre $\pi + \dfrac{\alpha}{2}$ et $\pi + \dfrac{\pi}{2} - \dfrac{\alpha}{2}$ contient α et n'est pas en général un multiple de π.

Considérons maintenant les sommes; si l'on ajoute deux arcs dans lesquels α a le même signe, la somme contient α et n'est pas en général un multiple de π; si l'on ajoute deux arcs, dans lesquels α n'a pas le même signe, la somme est $\dfrac{\pi}{2}$ ou $\pi + \dfrac{\pi}{2}$; elle n'est pas multiple de π.

En résumé, ces quatre arcs ont des sinus distincts. Relativement au cosinus, la condition nécessaire et suffisante pour que deux arcs aient même cosinus est que leur somme ou leur différence soit un multiple pair de π; nous venons de voir que cela n'avait jamais lieu; les quatre arcs ont des cosinus distincts.

La condition nécessaire et suffisante pour que deux arcs aient même tangente est que leur différence soit un multiple de π; pour trouver de tels arcs, il faut associer deux arcs dans lesquels α a le même signe; nous voyons que

$$\frac{\alpha}{2} \qquad \text{et} \qquad \pi+\frac{\alpha}{2},$$

$$\frac{\pi}{2}-\frac{\alpha}{2} \qquad \text{et} \qquad \pi+\frac{\pi}{2}-\frac{\alpha}{2}$$

ont respectivement même tangente; il y a ainsi deux valeurs pour tg $\dfrac{a}{2}$.

Remarque I. — Si α a des valeurs particulières, il peut arriver que deux valeurs distinctes en général deviennent égales; ainsi, α étant supposé égal à π, les quatre arcs sont

$$\frac{\pi}{2},\ 0,\ \pi+\frac{\pi}{2},\ \pi,$$

et les sinus ont les trois valeurs 1, 0 et —1.

Remarque II. — Si dans les expressions de sin $\dfrac{a}{2}$ et de cos $\dfrac{a}{2}$, on change simultanément les signes de ε et de ε', ces expressions changent de signe sans changer de valeur absolue; les valeurs du sinus et les valeurs du cosinus sont deux à deux opposées; d'autre part, si dans l'expression du sinus on change le signe de ε', on trouve la valeur du cosinus, de telle sorte que l'ensemble des quatre valeurs du sinus est identique à l'ensemble des quatre valeurs du cosinus.

Enfin, si l'on considère les deux valeurs de la tangente, on voit qu'elles sont inverses l'une de l'autre.

L'explication de ces faits résulte de la forme particulière des nombres qui mesurent les arcs moitiés; les relations suivantes rendent compte de ces résultats :

$$\sin\left(\pi + \frac{\alpha}{2}\right) = -\sin\frac{\alpha}{2}$$

$$\sin\left(\pi + \frac{\pi}{2} - \frac{\alpha}{2}\right) = -\sin\left(\frac{\pi}{2} - \frac{\alpha}{2}\right)$$

$$\sin\left(\frac{\pi}{2} - \frac{\alpha}{2}\right) = \cos\frac{\alpha}{2}$$

$$\sin\left(\pi + \frac{\pi}{2} - \frac{\alpha}{2}\right) = \cos\left(\pi + \frac{\alpha}{2}\right)$$

$$\sin\frac{\alpha}{2} = \cos\left(\frac{\pi}{2} - \frac{\alpha}{2}\right)$$

$$\sin\left(\pi + \frac{\alpha}{2}\right) = \cos\left(\pi + \frac{\pi}{2} - \frac{\alpha}{2}\right)$$

$$\operatorname{tg}\left(\frac{\pi}{2} - \frac{\alpha}{2}\right) = \operatorname{cotg}\frac{\alpha}{2}$$

$$\operatorname{tg}\left(\pi + \frac{\pi}{2} - \frac{\alpha}{2}\right) = \operatorname{cotg}\left(\pi + \frac{\alpha}{2}\right).$$

2° *On se donne l'arc a.* — L'arc $\frac{a}{2}$ est entièrement déterminé et on ne doit trouver pour les lignes trigonométriques qu'une seule valeur ; il y a lieu alors de faire choix
des signes qu'il faut donner à ε et ε'.

A cet effet, on cherchera dans quel quadrant est ter-
miné l'arc bien déterminé $\frac{a}{2}$; les signes de $\sin\frac{a}{2}$ et
$\cos\frac{a}{2}$ sont connus et on trouve quelle est celle des deux
lignes qui a la plus grande valeur absolue en cherchant
où est l'extrémité de l'arc $\frac{a}{2}$ par rapport au milieu du

quadrant considéré ; on en déduit les signes de

$$\sin \frac{a}{2} + \cos \frac{a}{2} \qquad \text{et} \qquad \sin \frac{a}{2} - \cos \frac{a}{2},$$

c'est-à-dire les signes de ε et ε'.

EXEMPLE : *L'arc de 1410° a pour sinus* $-\dfrac{1}{2}$, *trouver les lignes trigonométriques de l'arc moitié.*

L'arc moitié est l'arc de 705° ; pour trouver son extrémité, nous divisons 705 par 360 :

$$705 = 360 + 345.$$

L'arc de 345° est terminé dans le quatrième quadrant ; son sinus est négatif et son cosinus positif ; la différence

$$\sin \frac{a}{2} - \cos \frac{a}{2}$$

est négative et $\varepsilon' = -1$.

Le milieu du quatrième quadrant correspond à 315° : l'arc de 345° est donc tel que la valeur absolue de son cosinus est plus grande que celle du sinus et la somme

$$\sin \frac{a}{2} + \cos \frac{a}{2}$$

a le signe de $\cos \dfrac{a}{2}$ et $\varepsilon = +1$.

Les valeurs cherchées sont

$$\sin 705° = \frac{1}{2}\left[\sqrt{1 - \frac{1}{2}} - \sqrt{1 + \frac{1}{2}}\right] = \frac{1 - \sqrt{3}}{2\sqrt{2}},$$

$$\cos 705° = \frac{1}{2}\left[\sqrt{1 - \frac{1}{2}} + \sqrt{1 + \frac{1}{2}}\right] = \frac{1 + \sqrt{3}}{2\sqrt{2}},$$

$$\operatorname{tg} 705° = \frac{1 - \sqrt{3}}{1 + \sqrt{3}} = \sqrt{3} - 2.$$

121. **Solution géométrique.** — Soit b le nombre compris entre -1 et $+1$ qui représente le sinus donné ; $\overline{OQ}$ étant le vecteur mesuré par b (*fig.* 43), tous les arcs

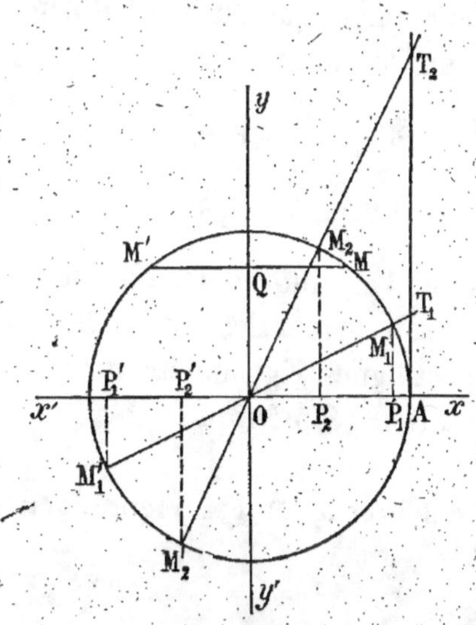

Fig. 43.

dont le sinus est b sont terminés en M ou en M'. Si M_1 est le milieu de l'arc géométrique AM, ce point sera l'extrémité des moitiés des arcs égaux à l'arc géométrique augmenté de $4k\pi$; le point M'_1 diamétralement opposé sera l'extrémité des moitiés des arcs formés de l'arc géométrique et d'un multiple impair de circonférences. On voit de même que les moitiés des arcs terminés en M' ont leurs extrémités en deux points M_2 et M'_2 diamétralement opposés ; d'ailleurs, les arcs géométriques AM et AM' étant supplémentaires, les arcs AM_1 et AM_2 sont complémentaires ; les points M_1 et M_2, M'_1 et M'_2 sont symétriques par rapport à la bissectrice du premier quadrant.

On a ainsi pour le cosinus les valeurs des quatre vecteurs

$$\overline{OP_1}, \quad \overline{OP_2}, \quad \overline{OP'_1}, \quad \overline{OP'_2},$$

pour le sinus

$$\overline{P_1M_1}, \quad \overline{P_2M_2}, \quad \overline{P'_1M'_1}, \quad \overline{P'_2M'_2}$$

et pour la tangente les deux valeurs des vecteurs

$$\overline{AT_1} \text{ et } \overline{AT_2}.$$

On voit d'ailleurs immédiatement que l'on a, conformément à ce qui a été établi par le calcul,

$$\overline{OP_2} = -\overline{OP'_2} = \overline{P_1M_1} = -\overline{P'_1M'_1},$$

$$\overline{OP_1} = -\overline{OP'_1} = \overline{P_2M_2} = -\overline{P'_2M'_2}.$$

Si maintenant on se donne l'arc lui-même, on connaît sa moitié et, par suite, on sait lequel des points M_1, M_2, M'_1, M'_2 en est l'extrémité; ses lignes trigonométriques sont connues par leur représentation géométrique.

122. Connaissant tg a, calculer les lignes trigonométriques de l'arc $\dfrac{a}{2}$.

1° On connaît tg a et on ne connaît pas l'arc a.

Si dans la relation

$$\text{tg } 2a' = \frac{2 \text{ tg } a'}{1 - \text{tg}^2 a'},$$

on remplace a' par $\dfrac{a}{2}$, on a

$$\text{tg } a = \frac{2 \text{ tg } \dfrac{a}{2}}{1 - \text{tg}^2 \dfrac{a}{2}},$$

relation qui peut s'écrire, en supposant $1 - \text{tg}^2 \dfrac{a}{2} \neq 0$,

$$\text{tg } a \left(1 - \text{tg}^2 \frac{a}{2} \right) = 2 \text{ tg } \frac{a}{2},$$

on

$$\operatorname{tg} a . \operatorname{tg}^2 \frac{a}{2} + 2 \operatorname{tg} \frac{a}{2} - \operatorname{tg} a = 0.$$

Nous avons ainsi une équation du second degré dont les racines existent et ont pour produit -1 ; ces racines sont

$$\operatorname{tg} \frac{a}{2} = \frac{-1 \pm \sqrt{1 + \operatorname{tg}^2 a}}{\operatorname{tg} a}.$$

Nous connaissons $\operatorname{tg} \dfrac{a}{2}$, nous savons alors calculer $\cos \dfrac{a}{2}$ et $\sin \dfrac{a}{2}$ par les formules

$$\sin \frac{a}{2} = \frac{\operatorname{tg} \dfrac{a}{2}}{\pm \sqrt{1 + \operatorname{tg}^2 \dfrac{a}{2}}}, \qquad \cos \frac{a}{2} = \frac{1}{\pm \sqrt{1 + \operatorname{tg}^2 \dfrac{a}{2}}}.$$

L'hypothèse faite $1 - \operatorname{tg}^2 \dfrac{a}{2} \neq 0$ revient à supposer que le nombre $\operatorname{tg} a$ existe.

A une tangente donnée, correspondent ainsi pour les arcs moitiés deux tangentes dont le produit est -1, quatre sinus et quatre cosinus deux à deux opposés.

L'explication de ces résultats se fait toujours de la même façon : si α est un arc ayant la tangente donnée, tous les arcs qui ont même tangente sont

$$a = k\pi + \alpha.$$

Leurs moitiés sont

$$\frac{a}{2} = \frac{k\pi}{2} + \frac{\alpha}{2}.$$

Relativement aux tangentes, on peut supprimer dans l'arc un multiple de π sans changer la valeur de la tangente; si k est pair, il suffira de prendre l'arc $\frac{\alpha}{2}$, et si k est impair, l'arc $\frac{\pi}{2}+\frac{\alpha}{2}$.

Les seules valeurs de la tangente sont

$$\operatorname{tg}\frac{\alpha}{2} \qquad \text{et} \qquad \operatorname{tg}\left(\frac{\pi}{2}+\frac{\alpha}{2}\right).$$

On sait que l'on a

$$\operatorname{tg}\left(\frac{\pi}{2}+\frac{\alpha}{2}\right) = -\operatorname{cotg}\frac{\alpha}{2} = -\frac{1}{\operatorname{tg}\dfrac{\alpha}{2}}.$$

Examinons ce qui est relatif aux cosinus ; nous pouvons seulement retrancher de l'arc un multiple pair de π, si l'on veut que le cosinus ne change pas ; le nombre k peut être

multiple de 4,

multiple de $4+1$,

multiple de $4+2$,

ou multiple de $4+3$;

les différents arcs sont donc

$$\frac{4m}{2}\pi+\frac{\alpha}{2}, \qquad \frac{4m+1}{2}\pi+\frac{\alpha}{2}, \qquad \frac{4m+2}{2}\pi+\frac{\alpha}{2},$$

ou

$$\frac{4m+3}{2}\pi+\frac{\alpha}{2} ;$$

leurs cosinus sont

$$\cos\frac{\alpha}{2}, \qquad \cos\left(\frac{\pi}{2}+\frac{\alpha}{2}\right), \qquad \cos\left(\pi+\frac{\alpha}{2}\right),$$

$$\cos\left(\frac{3\pi}{2}+\frac{\alpha}{2}\right) ;$$

on a ainsi quatre valeurs distinctes et deux à deux opposées, à cause des relations

$$\cos\left(\pi + \frac{\alpha}{2}\right) = -\cos\frac{\alpha}{2},$$

$$\cos\left(\frac{3\pi}{2} + \frac{\alpha}{2}\right) = -\cos\left(\frac{\pi}{2} + \frac{\alpha}{2}\right).$$

Le même raisonnement s'applique aux sinus.

2° *On se donne l'arc* a. — On connaît alors l'arc $\frac{a}{2}$ et, par suite, les signes des lignes trigonométriques de l'arc $\frac{a}{2}$; comme l'équation qui donne tg $\frac{a}{2}$ a ses racines de signes différents, la racine qui convient est déterminée ; il en est de même pour le cosinus et le sinus.

Exemple : *La tangente de* 4450^{r} *est* 1, *trouver les lignes trigonométriques de l'arc moitié.*

L'arc moitié est l'arc de 2225^{r} ; pour trouver son extrémité, il faut retrancher le plus grand nombre possible de circonférences de 2225^{r} ; à cet effet, divisons ce nombre par 400 :

$$2225 = 400 \times 5 + 225.$$

L'arc de 225^{r} est terminé dans le troisième quadrant ; son sinus et son cosinus sont négatifs, sa tangente est positive ; on a, en appelant x cette tangente,

$$x^2 + 2x - 1 = 0,$$

dont la racine positive est

$$\text{tg } 2225^{\text{r}} = -1 + \sqrt{2},$$

et ensuite

$$\cos 2225^{\mathrm{r}} = \frac{1}{-\sqrt{1+(\sqrt{2}-1)^2}} = \frac{1}{-\sqrt{2(2-\sqrt{2})}}$$

$$= -\frac{1}{2}\sqrt{2+\sqrt{2}},$$

$$\sin 2225^{\mathrm{r}} = \frac{-1+\sqrt{2}}{-\sqrt{1+(\sqrt{2}-1)^2}} = -\frac{1}{2}\sqrt{2-\sqrt{2}}.$$

123. Solution géométrique. — Soit b le nombre donné ; nous portons le vecteur $\overline{AT}$ (*fig.* 44) mesuré par b ; à ce vecteur correspondent tous les arcs terminés en M ou en M′. Les moitiés des arcs terminés en M sont alors terminées soit en M_1, milieu de l'arc géométrique AM, soit au point M_1' diamétralement opposé ; à ces arcs correspond la tangente représentée par $\overline{AT_1}$.

Considérons maintenant l'arc géométrique terminé en M′ ; pour avoir l'extrémité de sa moitié, nous porterons l'arc AM_1, puis l'arc $\dfrac{\pi}{2}$ moitié de l'arc MM′ ; on obtient ainsi le point M_2 ; les moitiés des arcs terminés en M′ sont alors terminées en M_2 ou au point diamétralement opposé M_2' ; à ces arcs correspond la tangente représentée

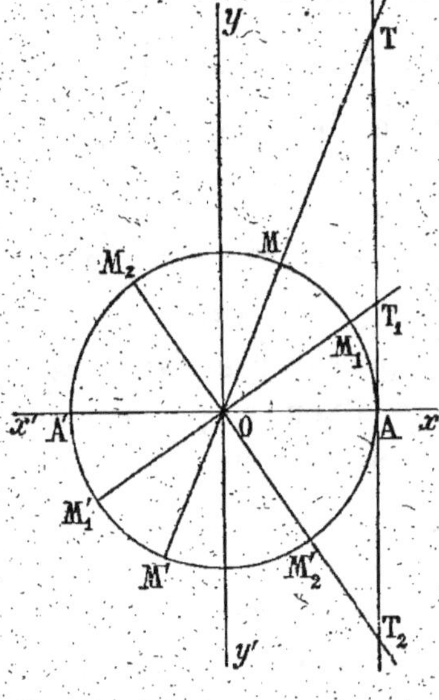

Fig. 44.

par le vecteur $\overline{AT_2}$. Nous voyons ainsi qu'il y a deux tangentes pour les arcs moitiés ; ces tangentes sont de signes différents puisque l'arc M_1M_2 est égal à un quadrant ; de plus, le triangle rectangle T_1OT_2 donne

$$AT_1 \times AT_2 = \overline{OA}^2,$$

ou, en tenant compte des signes,

$$\overline{AT_1} \times \overline{AT_2} = -1.$$

Quant aux sinus et aux cosinus, on voit qu'ils sont représentés par quatre vecteurs distincts qui sont relatifs aux quatre points M_1, M_1', M_2, M_2' ; ces vecteurs sont opposés deux à deux.

124. Division par 4, 8, … — Les formules qui précèdent résolvent, par une série d'opérations successives, le problème de la division par 2^n ; supposons que l'on cherche les lignes trigonométriques de l'arc $\dfrac{a}{8}$, connaissant une ligne de l'arc a. On cherchera les lignes trigonométriques de l'arc $\dfrac{a}{2}$, on en déduira celles de l'arc $\dfrac{1}{2}\left(\dfrac{a}{2}\right)$ ou $\dfrac{a}{4}$, et enfin de ces dernières on déduira celles de l'arc $\dfrac{1}{2}\dfrac{a}{4}$ ou $\dfrac{a}{8}$. Si on ne connaît pas l'arc a, le nombre des solutions ira rapidement en augmentant avec n ; si, au contraire, l'arc a est donné, il ne devra y avoir qu'une solution ; pour la trouver, on devra dans les opérations successives faire choix de la ligne trigonométrique qui convient.

EXERCICES

1. Calculer les lignes trigonométriques des angles de
$$15°, \quad 7° 30', \quad 22° 30', \quad 11° 15'.$$

2. Calculer, en utilisant les formules d'addition, les lignes trigonométriques des angles de
$$75^r, \qquad 37^r,5, \qquad 87^r,5, \qquad 237^r,5.$$
$$18° 45', \quad 37° 30'.$$

3. a étant le sinus de l'angle 4574°, trouver les formules qui donnent les lignes trigonométriques des angles $\dfrac{a}{2}$ et $\dfrac{a}{4}$.

4. Calculer $\operatorname{tg} \dfrac{a}{4}$ connaissant $\operatorname{tg} a$; expliquer pourquoi l'on trouve quatre valeurs; construire les vecteurs correspondants en supposant $\operatorname{tg} a = 5$.

5. Un arc a compris entre 5400^r et 5600^r a pour cosinus $\dfrac{1}{4}$; calculer les lignes trigonométriques de l'arc $\dfrac{a}{4}$; construire les vecteurs qui les représentent.

6. Un arc a du second quadrant a pour sinus $\dfrac{1}{5}$; trouver les lignes trigonométriques de l'arc $\dfrac{3a}{4}$.

7. On donne $\operatorname{tg} a$, combien doit-on trouver de valeurs pour $\operatorname{tg} \dfrac{a}{5}$; quelles valeurs doit avoir a pour que deux valeurs de $\operatorname{tg} \dfrac{a}{5}$ soient opposées? Montrer que deux valeurs de $\operatorname{tg} \dfrac{a}{5}$ ne peuvent pas être égales.

8. Former l'équation qui donne $\sin\dfrac{a}{3}$, connaissant $\sin a$; quelles valeurs faut-il donner à a pour qu'une racine de cette équation soit égale à 0, 1, -1, $\dfrac{1}{2}$ ou $-\dfrac{1}{2}$? Résoudre alors l'équation.

9. Former l'équation qui donne $\cos\dfrac{a}{4}$ en fonction de $\cos a$; cette équation est bicarrée; montrer qu'elle a quatre racines; appliquer au cas de $a = 50^{\mathrm{r}}$ et trouver la racine qui convient.

10. Former l'équation qui donne $\sin\dfrac{a}{4}$ en fonction de $\cos a$; montrer qu'elle a quatre racines; quelle est celle qui convient si $a = 60°$?

11. Former l'équation qui donne $\operatorname{tg}\dfrac{3a}{2}$ en fonction de $\operatorname{tg}a$; montrer que l'on trouve pour $\operatorname{tg}\dfrac{3a}{2}$ deux valeurs dont le produit est égal à -1; expliquer ces résultats; quelle racine faut-il prendre si $a = 4582^{\mathrm{r}}$?

12. Trouver l'équation qui donne $\cos\dfrac{3a}{4}$ en fonction de $\cos a$; expliquer a priori les résultats trouvés et calculer $\cos\dfrac{3a}{4}$ dans l'hypothèse $a = 532°$.

13. Étant donnée une équation du second degré, dont les racines ont des signes différents, montrer que si on multiplie ces racines par un même facteur λ convenablement choisi, les produits sont les tangentes de deux arcs dont la différence est $\dfrac{\pi}{2}$.

14. Deux nombres a et b sont inverses l'un de l'autre; quelles relations a-t-on entre les tangentes des arcs moitiés de $\operatorname{arc\,tg}a$ et $\operatorname{arc\,tg}b$?

CHAPITRE II

ÉQUATIONS TRIGONOMÉTRIQUES

———

125. Généralités. — Considérons deux expressions algébriques A et B par rapport aux lignes trigonométriques d'un arc x ou de ses multiples et sous-multiples ; ces expressions peuvent avoir constamment les mêmes valeurs numériques ou elles peuvent acquérir les mêmes valeurs numériques quand on donne à x seulement certaines valeurs ; dans le premier cas, on dit que les expressions sont *équivalentes* ou *identiques* et l'ensemble de ces expressions séparées par le signe $=$ est une *identité* ; telles sont les identités

$$\cos^2 x + \sin^2 x \equiv 1,$$

$$\cos 2x \equiv \cos^2 x - \sin^2 x.$$

Dans le second cas, trouver les valeurs de x qui font acquérir aux expressions A et B les mêmes valeurs, c'est résoudre l'*équation trigonométrique*

$$A = B;$$

les valeurs correspondantes de l'arc sont les *solutions*.

Ce problème est analogue à celui que l'on se pose pour les

équations algébriques ; toutefois, il a, dans le cas actuel, en général une infinité de solutions. Ainsi, l'équation

$$\sin x = \frac{1}{2}$$

a une infinité de solutions données par les formules

$$x = 2k\pi + \frac{\pi}{6} \qquad \text{et} \qquad x = (2k+1)\pi - \frac{\pi}{6}.$$

126. Méthode générale de résolution. — Le procédé général employé pour résoudre une équation trigonométrique est le suivant : si l'équation renferme plusieurs lignes trigonométriques de l'arc ou de ses multiples ou de ses sous-multiples, on lui adjoint les relations fournies par les formules d'addition et de multiplication qui permettent de calculer toutes ces lignes en fonction d'une seule ; on forme ainsi un *système d'équations algébriques* renfermant autant d'équations que d'inconnues, les inconnues étant les différentes lignes trigonométriques qui figurent dans l'équation donnée.

On résout ce système par les procédés de l'algèbre ; on connaît alors les valeurs d'une ligne trigonométrique ; il suffit d'en faire l'inversion pour connaitre toutes les valeurs de l'arc qui vérifient l'équation.

Le problème est donc résolu dès que l'on a la valeur d'une ligne trigonométrique de l'arc, puisque nous savons faire l'inversion par une construction géométrique (39, 40, 41, 42) ou à l'aide des tables trigonométriques. Toutefois, le problème sera plus ou moins facile, ainsi que sa discussion, suivant que l'on aura choisi comme inconnue finale une ligne trigonométrique ou une autre ; il est impossible de donner à cet égard une règle générale ; nous

nous bornerons à quelques indications qui peuvent être utiles dans un grand nombre de cas.

1° Si l'on a choisi comme inconnue finale un *sinus* ou un *cosinus*, les racines de l'équation algébrique qui donne cette ligne trigonométrique ne peuvent convenir que si elles sont comprises entre -1 et $+1$.

Comme il convient d'éviter autant que possible l'introduction des radicaux, on ne choisira le sinus ou le cosinus que si on peut exprimer tous les termes de l'équation en *fonction rationnelle* du sinus ou du cosinus : si cela n'a pas lieu, on devra, pour résoudre l'équation, faire une élévation au carré et vérifier si l'on a introduit des solutions étrangères.

2° On peut encore exprimer toutes les lignes trigonométriques à l'aide d'une *tangente* ; l'inconnue ne sera alors assujettie à aucune condition, puisque la tangente peut prendre toutes les valeurs, à moins toutefois que l'énoncé n'impose des conditions supplémentaires ; on procède alors comme dans le cas des équations algébriques.

Ce procédé sera particulièrement applicable si les lignes trigonométriques qui figurent dans l'équation sont ramenées à être des sinus et des cosinus et que les termes soient tous de degré pair ou tous de degré impair ; dans le premier cas, en remplaçant le sinus et le cosinus par

$$\frac{\operatorname{tg} x}{\pm\sqrt{1+\operatorname{tg}^2 x}} \qquad \text{et} \qquad \frac{1}{\pm\sqrt{1+\operatorname{tg}^2 x}},$$

les radicaux disparaîtront ; dans le second cas, chaque terme de l'équation renfermera en dénominateur le radical et ce radical disparaîtra en chassant les dénominateurs ; on aura donc finalement une équation rationnelle.

3° Si on ne peut éviter les radicaux en prenant $\sin x$, $\cos x$ ou $\operatorname{tg} x$ pour inconnue finale, on obtiendra une équation rationnelle en remplaçant le sinus et le cosinus en fonction de $\operatorname{tg} \dfrac{x}{2}$ par les formules

$$\sin x = \frac{2 \operatorname{tg} \dfrac{x}{2}}{1 + \operatorname{tg}^2 \dfrac{x}{2}}, \qquad \cos x = \frac{1 - \operatorname{tg}^2 \dfrac{x}{2}}{1 + \operatorname{tg}^2 \dfrac{x}{2}}.$$

L'équation qui donnera $\operatorname{tg} \dfrac{x}{2}$ sera rationnelle, si l'équation proposée était rationnelle par rapport à $\sin x$ et $\cos x$.

4° Enfin, si l'énoncé impose des conditions supplémentaires, il y aura lieu de choisir les valeurs de l'arc inconnu qui satisfont à ces conditions ; c'est une discussion de tous points semblable à celle que l'on fait en algèbre.

Nous allons appliquer les différents procédés indiqués à une équation particulière qu'il importe de connaître.

127. Équation $a \sin x + b \cos x = c$.

1re Méthode. — Choisissons comme ligne trigonométrique finale le sinus et remplaçons dans l'équation $\cos x$ par $\pm \sqrt{1 - \sin^2 x}$; l'équation

$$(1) \qquad a \sin x \pm b \sqrt{1 - \sin^2 x} = c$$

est équivalente à la première.

Isolons le radical ; si nous élevons au carré, nous n'introduisons pas de solutions étrangères, puisque le radical comporte le double signe : nous formons ainsi la nouvelle équation équivalente à la première

$$(2) \qquad b^2(1 - \sin^2 x) = (c - a \sin x)^2,$$

où

$$(3) \qquad (a^2 + b^2) \sin^2 x - 2ac \sin x + c^2 - b^2 = 0.$$

Discussion. — Les racines doivent exister et être comprises entre -1 et $+1$; or, si elles existent, le second membre de l'équation (2) est positif; son premier membre est donc positif et $\sin x$ est certainement compris entre -1 et $+1$; il suffit d'écrire que l'équation (3) a des racines :

$$a^2 c^2 - (a^2 + b^2)(c^2 - b^2) \geqslant 0,$$

où

$$b^2(a^2 + b^2 - c^2) \geqslant 0,$$

ou

$$c^2 \leqslant a^2 + b^2.$$

Résolution. — Les racines de l'équation sont

$$\sin x' = \frac{ac + b\sqrt{a^2 + b^2 - c^2}}{a^2 + b^2},$$

$$\sin x'' = \frac{ac - b\sqrt{a^2 + b^2 - c^2}}{a^2 + b^2}.$$

On rend ces formules calculables par logarithmes, et si les valeurs trouvées sont positives, les tables fournissent des arcs correspondants du premier quadrant; si une valeur est négative, on calcule l'arc qui correspond à sa valeur absolue; cet arc, changé de signe, est un des arcs cherchés. Soient x_1' et x_1'' deux arcs ainsi obtenus; tous les arcs qui vérifient l'équation (3) sont donnés par

$$x' = k.360 + x_1' \qquad \text{ou} \qquad x' = (2k+1)180 - x_1',$$
$$x'' = k.360 + x_1'' \qquad \text{ou} \qquad x' = (2k+1)180 - x_1'',$$

en exprimant les arcs en degrés.

Les équations (1) et (3) sont équivalentes par rapport à sin x, puisque, à un sinus donné correspondent deux cosinus opposés ; elles ne sont pas équivalentes par rapport à l'arc, car à un arc correspondent un seul sinus et un seul cosinus, de telle sorte qu'un arc solution de (2) peut être solution de (1) ou de

$$(4) \qquad a \sin x - b \cos x = c.$$

Il est facile de choisir parmi les solutions du groupe trouvé celles qui vérifient l'équation (1) ; en effet, si x'_1 vérifie cette équation, $180 - x'_1$ vérifie l'équation (4) et inversement, car ces arcs ont même sinus et des cosinus opposés ; de même, l'un des arcs x'_2 et $180 - x'_2$ vérifie l'équation (1), l'autre vérifie l'équation (4) ; si à ces arcs on ajoute $k.360$, les nouveaux arcs vérifient la même équation que les premiers.

Si α et β sont alors deux arcs ainsi trouvés, toutes les solutions de (1) sont

$$k.360 + \alpha$$

et

$$k.360 + \beta ;$$

celles de (4) seraient

$$(2k + 1)180 - \alpha$$

et

$$(2k + 1)180 - \beta.$$

2ᵉ Méthode. — Choisissons comme ligne trigonométrique finale la tangente de l'arc x, et remplaçons sin x et cos x par leurs valeurs ; l'équation devient

$$\frac{a \operatorname{tg} x}{\pm \sqrt{1 + \operatorname{tg}^2 x}} + \frac{b}{\pm \sqrt{1 + \operatorname{tg}^2 x}} = c,$$

ou

$$a \operatorname{tg} x + b = \pm c\sqrt{1 + \operatorname{tg}^2 x}.$$

Le second membre comportant le double signe, on peut élever les deux membres au carré sans introduire de solutions étrangères

$$(a \operatorname{tg} x + b)^2 = c^2(1 + \operatorname{tg}^2 x),$$

$$(a^2 - c^2) \operatorname{tg}^2 x + 2ab \operatorname{tg} x + b^2 - c^2 = 0.$$

Discussion. — Le problème sera possible si cette équation a des racines, ce qui donne la seule condition

$$a^2 b^2 - (a^2 - c^2)(b^2 - c^2) \geqslant 0,$$

$$c^2(a^2 + b^2 - c^2) \geqslant 0,$$

$$c^2 \leqslant a^2 + b^2.$$

Le calcul des racines s'achèvera comme dans la méthode précédente ; si x_1' et x_1'' sont des arcs obtenus à l'aide des tables, toutes les solutions seront

$$k.180 + x_1' \qquad \text{et} \qquad k.180 + x_1''.$$

Comme dans la méthode précédente, nous voyons que l'équation donnée et l'équation finale sont équivalentes en $\operatorname{tg} x$, mais ne le sont pas par rapport à x, puisqu'à un arc correspondent un seul sinus et un seul cosinus, tandis qu'à une tangente correspondent deux sinus et deux cosinus opposés ; les solutions trouvées vérifient donc l'équation donnée ou l'équation

$$a \sin x + b \cos x = -c.$$

Les solutions trouvées peuvent s'écrire

$$k.360 + x_1', \qquad\qquad k.360 + x_1'',$$

$$(2k + 1)180 + x_1', \qquad (2k + 1)180 + x_1'',$$

et si x_1' et x_1'' sont solutions de l'équation primitive, toutes les solutions sont fournies par les deux premières formules, les deux autres donnent les solutions de l'équation

$$a \sin x + b \cos x = -c.$$

3e **Méthode.** — Prenons comme inconnue auxiliaire $\operatorname{tg} \dfrac{x}{2}$; nous remplaçons dans l'équation $\sin x$ et $\cos x$ par

$$\frac{2 \operatorname{tg} \dfrac{x}{2}}{1 + \operatorname{tg}^2 \dfrac{x}{2}} \qquad \text{et} \qquad \frac{1 - \operatorname{tg}^2 \dfrac{x}{2}}{1 + \operatorname{tg}^2 \dfrac{x}{2}}.$$

L'équation devient

$$a \frac{2 \operatorname{tg} \dfrac{x}{2}}{1 + \operatorname{tg}^2 \dfrac{x}{2}} + b \frac{1 - \operatorname{tg}^2 \dfrac{x}{2}}{1 + \operatorname{tg}^2 \dfrac{x}{2}} = c,$$

ou

$$(b + c) \operatorname{tg}^2 \frac{x}{2} - 2a \operatorname{tg} \frac{x}{2} + c - b = 0.$$

Discussion. — Pour qu'il y ait des solutions, il faut et il suffit que cette équation ait des racines :

$$a^2 - (b + c)(c - b) \geqslant 0,$$
$$a^2 + b^2 - c^2 \geqslant 0,$$
$$c^2 \leqslant a^2 + b^2.$$

Résolution. — Les racines de l'équation sont alors

$$\operatorname{tg} \frac{x'}{2} = \frac{a + \sqrt{a^2 + b^2 - c^2}}{b + c},$$
$$\operatorname{tg} \frac{x''}{2} = \frac{a - \sqrt{a^2 + b^2 - c^2}}{b + c}.$$

On rend ces expressions calculables par logarithmes, et si elles sont positives, on trouve dans les tables deux arcs du premier quadrant qui vérifient l'équation ; si l'une d'elles est négative, on en change le signe et la table fournit un arc correspondant du premier quadrant ; il suffit d'en changer le signe pour avoir la solution correspondante de l'équation. Soient $\dfrac{x'_1}{2}$ et $\dfrac{x''_1}{2}$ les valeurs ainsi trouvées ; tous les arcs qui sont solutions sont donnés par

$$\frac{x'}{2} = k\,.\,200^{\text{r}} + \frac{x'_1}{2}, \qquad \frac{x''}{2} = k\,.\,200^{\text{r}} + \frac{x''_1}{2},$$

ou

$$x' = k\,.\,400^{\text{r}} + x'_1, \qquad x'' = k\,.\,400^{\text{r}} + x''_1,$$

les arcs étant ici supposés exprimés en grades.

4ᵉ Méthode. — Cette méthode repose sur la relation

$$\sin(x + \beta) = \sin x \cos \beta + \sin \beta \cos x.$$

Si a et b étaient respectivement le cosinus et le sinus d'un arc β, on en conclurait la relation

$$\sin(x + \beta) = c$$

et on connaîtrait l'arc $x + \beta$ et, par suite, l'arc x à l'aide des tables, en supposant le problème possible.

En général, a et b ne peuvent être considérés comme cosinus et sinus d'un même arc, puisque cela exige que leurs carrés aient pour somme l'unité ; mais on peut modifier l'équation de façon à être ramené à ce cas.

Divisons les deux membres par a :

$$\sin x + \frac{b}{a} \cos x = \frac{c}{a},$$

et posons

$$\frac{b}{a} = \operatorname{tg} \varphi.$$

L'équation devient

$$\sin x + \operatorname{tg} \varphi \cos x = \frac{c}{a},$$

$$\sin x + \frac{\sin \varphi}{\cos \varphi} \cos x = \frac{c}{a},$$

ou, en multipliant par $\cos \varphi$, qui n'est pas nul,

$$\sin x \cos \varphi + \sin \varphi \cos x = \frac{c}{a} \cos \varphi,$$

$$\sin (x + \varphi) = \frac{c}{a} \cos \varphi.$$

Discussion. — Cette équation n'a de solution que si le second membre est compris entre -1 et $+1$, c'est-à-dire si son carré est inférieur à 1

$$\frac{c^2}{a^2} \cos^2 \varphi \leqslant 1 ;$$

or, on a

$$\cos^2 \varphi = \frac{a^2}{a^2 + b^2},$$

ce qui donne la condition

$$c^2 \leqslant a^2 + b^2.$$

Résolution. — Supposons cette condition remplie ; l'angle φ est donné par les tables, si $\frac{b}{a}$ est positif ; si $\frac{b}{a}$ est négatif, les tables donnent l'angle $-\varphi$ dont la tangente est $-\frac{b}{a}$; on connaît donc, dans tous les cas, l'angle φ.

Si $\frac{c}{a} \cos \varphi$ est formé de termes positifs, on peut en calculer la valeur par les tables et en déduire l'angle $x + \varphi$; si certains nombres c, a, $\cos \varphi$ sont négatifs, on calculera la valeur absolue de l'expression par les tables; si l'expression est positive, on en connaîtra la valeur et, par suite, celle de $x + \varphi$; si l'expression est négative, on calculera l'angle $-(x + \varphi)$ à l'aide des tables et on en déduira l'angle $x + \varphi$.

Soit α la valeur calculée pour $x + \varphi$; toutes les solutions sont données par

$$x + \varphi = k.360 + \alpha \qquad \text{et} \qquad x + \varphi = (2k + 1)180 - \alpha,$$

ou

$$x = k.360 - \varphi + \alpha \qquad \text{et} \qquad x = (2k + 1)180 - \alpha - \varphi.$$

INTERPRÉTATION GÉOMÉTRIQUE. — Considérons un cercle dont l'équation est, le centre étant l'origine,

$$x^2 + y^2 = 1$$

et une droite dont l'équation est

$$ay + bx = c.$$

Pour trouver les points communs à ces deux lignes, on peut résoudre le système formé par les deux équations; on peut aussi prendre comme inconnue auxiliaire l'angle φ que fait Ox avec le rayon inconnu OM qui aboutit en un des points d'intersection; les coordonnées de M sont alors $\cos \varphi$ et $\sin \varphi$ et doivent vérifier l'équation

$$a \sin \varphi + b \cos \varphi = c.$$

On voit alors que, si la droite coupe le cercle, il y a deux séries d'arcs terminés aux points d'intersection du cercle et de la droite.

128. Remarque. — Nous avons indiqué les deux premières méthodes comme applications du procédé général; mais les deux seules méthodes qu'il y ait lieu d'adopter sont les deux dernières; la quatrième convient particulièrement aux équations numériques et au calcul; la troisième méthode est, en général, plus simple, quand il s'agit de discuter un problème; il serait assez difficile d'exprimer que l'arc x est compris entre deux limites données en se servant de la quatrième méthode, à cause de la présence de l'angle auxiliaire φ; au contraire, en faisant usage de $\operatorname{tg} \dfrac{x}{2}$, on sera conduit à un problème d'algèbre très simple: comparer deux nombres aux racines d'une équation du second degré.

La dernière méthode ne rentre pas dans le procédé général indiqué au début: il arrive souvent que le procédé général conduit à des équations algébriques que l'on ne sait résoudre; on ne peut alors que chercher si un choix particulier d'inconnue auxiliaire facilite la résolution de l'équation; aucune indication ne peut être donnée à cet égard, si ce n'est que, comme en algèbre, on devra profiter des relations qui offrent quelque symétrie; nous allons en donner un exemple.

129. Problème. — *Résoudre l'équation*

$$\sin x + \cos x = 2 \sin x \cos x.$$

Élevons les deux membres de l'équation au carré

$$\sin^2 x + \cos^2 x + 2 \sin x \cos x = 4 \sin^2 x \cos^2 x;$$

en tenant compte des relations

$$\sin^2 x + \cos^2 x = 1,$$

$$\sin 2x = 2 \sin x \cos x,$$

on obtient
$$1 + \sin 2x = \sin^2 2x,$$

ou
$$\sin^2 2x - \sin 2x - 1 = 0.$$

On est ainsi conduit à résoudre une équation du secon degré par rapport à $\sin 2x$.

DISCUSSION. — Une racine ne convient que si elle est comprise entre -1 et $+1$; de plus, l'élévation au carré des deux membres de l'équation primitive a pu introduire des solutions étrangères; une valeur de x ne conviendra que si elle fait acquérir des valeurs de même signe aux deux membres de l'équation.

L'équation finale a deux racines, l'une positive et l'autre négative; comparons -1 et $+1$ à ces racines

$$f(-1) = 1, \qquad f(+1) = -1.$$

Il y a une racine comprise entre -1 et $+1$ et c'est la racine négative; celle-là seule peut convenir; soit $2x'_1$ l'arc compris entre $180°$ et $270°$ qui lui correspond; les arcs qui ont le même sinus sont

$$2x' = k.360 + 2x'_1 \qquad \text{et} \qquad 2x' = (2k+1)180 - 2x'_1,$$

d'où on déduit

$$x' = k.180 + x'_1 \qquad \text{et} \qquad x' = k.180 + 90 - x'_1.$$

Il reste à examiner si ces valeurs font acquérir la même valeur aux deux membres de l'équation donnée; il suffit d'ailleurs, comme on l'a vu en algèbre, de vérifier que les signes sont les mêmes.

Le second membre, qui est égal à $\sin 2x$, est négatif; pour connaître le signe du premier membre, nous distinguerons deux cas;

1° k pair ; tous les arcs de la première série ont même sinus et même cosinus que l'arc x_1' ; tous ceux de la seconde série ont même sinus et même cosinus que l'arc $90 - x_1'$, c'est-à-dire que dans les deux cas le premier membre a pour valeur

$$\sin x_1' + \cos x_1'.$$

L'arc $2x_1'$ est compris entre 180° et 270° ; l'arc x_1' est compris entre 90° et 135° ; son sinus est positif et son cosinus négatif ; mais la valeur absolue du sinus est supérieure à celle du cosinus, la somme est donc positive et les arcs x' ne conviennent pas.

2° k impair ; les arcs correspondants ont des sinus et des cosinus opposés à ceux des précédents ; la somme

$$\sin x + \cos x$$

est négative et ces arcs sont solutions.

En résumé, les solutions sont

$$(2k+1)180 + x_1' \qquad \text{et} \qquad (2k+1)180 + 90 - x_1'.$$

RÉSOLUTION. — La racine négative de l'équation finale est

$$\sin 2x_1' = \frac{1 - \sqrt{5}}{2};$$

on calculera l'angle 2α défini par

$$\sin 2\alpha = \frac{\sqrt{5} - 1}{2}.$$

L'angle $2x_1'$ sera alors égal à $180° + 2\alpha$, compris entre 180° et 270° ; les solutions seront

$$(2k+1)180° + x_1' \qquad \text{et} \qquad (2k+1)180° + 90° - x_1,$$

ou

$$(2k+1)180° + 90° + \alpha \qquad \text{et} \qquad (2k+1)180° - \alpha.$$

Systèmes d'équations simultanées.

130. Généralités. — Nous considérerons deux types de systèmes d'équations : dans le premier type, les équations ne renferment que des lignes trigonométriques des arcs inconnus ; en adjoignant aux équations données les relations fournies par les formules d'addition et de multiplication, on obtient un système d'équations algébriques entre les différentes lignes considérées comme inconnues auxiliaires ; la difficulté est alors d'ordre algébrique et on ne peut donner de règles générales sur le choix des inconnues finales.

Dans le second type d'équations, les arcs inconnus figurent à la fois sous forme trigonométrique et sous forme algébrique ; ici encore, il est impossible de donner d'indications précises sur la résolution de ces systèmes ; nous nous bornerons à traiter quelques exemples.

131. Problème I. — *Résoudre le système*

$$\begin{cases} \operatorname{tg} x + \operatorname{tg} y = 1, \\ \cos 2x + \cos 2y = b. \end{cases}$$

Prenons comme inconnues auxiliaires

$$\operatorname{tg} x = X, \qquad \operatorname{tg} y = Y ;$$

le **système** devient

$$\begin{cases} X + Y = 1, \\ \dfrac{1 - X^2}{1 + X^2} + \dfrac{1 - Y^2}{1 + Y^2} = b ; \end{cases}$$

$$\left\{ \begin{array}{l} X + Y = 1, \\ 2 - 2X^2Y^2 = b(1 + X^2 + Y^2 + X^2Y^2), \end{array} \right.$$

ce qui peut s'écrire

$$\left\{ \begin{array}{l} X + Y = 1, \\ (b+2)X^2Y^2 + b(X + Y)^2 - 2bXY + b - 2 = 0, \end{array} \right.$$

ou

$$\left\{ \begin{array}{l} X + Y = 1, \\ (b + 2)X^2Y^2 - 2bXY + 2b - 2 = 0. \end{array} \right.$$

La seconde équation donne le produit $z = XY$ et il reste à déterminer X et Y connaissant leur somme et leur produit ; X et Y sont racines de l'équation

$$T^2 - T + z = 0.$$

Discussion. — Les inconnues, étant des tangentes, peuvent prendre toutes les valeurs ; la condition de possibilité est

$$1 - 4z \geqslant 0,$$

$$z \leqslant \frac{1}{4}.$$

Ecrivons que l'équation

$$(b + 2)z^2 - 2bz + 2b - 2 = 0$$

a des racines inférieures à $\frac{1}{4}$.

Pour que cette équation ait des racines, il faut que l'on ait

$$b^2 - 2(b + 2)(b - 1) \geqslant 0,$$

$$b^2 + 2b - 4 \leqslant 0.$$

Comparons $\frac{1}{4}$ à ces racines

$$f\left(\frac{1}{4}\right) = \frac{b+2}{16} - \frac{b}{2} + 2b - 2$$

$$= \frac{25b}{16} - \frac{15}{8} = \frac{5}{16}(5b - 6).$$

Les valeurs de b qu'il y a lieu de considérer sont

$$-1 - \sqrt{5}, \quad -2, \quad \frac{6}{5}, \quad -1 + \sqrt{5}.$$

Si b n'est pas compris entre $-1 - \sqrt{5}$ et $-1 + \sqrt{5}$, le système est impossible ; si b est compris entre -2 et $\frac{6}{5}$, il y a des racines en z et une seule est inférieure à $\frac{1}{4}$; elle fournit une valeur pour $\operatorname{tg} x$ et une pour $\operatorname{tg} y$; si b est compris entre $\frac{6}{5}$ et $-1 + \sqrt{5}$, $\frac{1}{4}$ est extérieur à l'intervalle des racines de l'équation en z ; comparons $\frac{1}{4}$ à la demi-somme $\frac{b}{b+2}$; le problème sera possible si l'on a

$$\frac{b}{b+2} < \frac{1}{4},$$

$$b < \frac{2}{3},$$

condition qui n'est pas réalisée. Il en est de même si b est compris entre $-1 - \sqrt{5}$ et -2.

En résumé, le problème admet un système de solutions en $\operatorname{tg} x$ et $\operatorname{tg} y$ si b est compris entre -2 et $\frac{6}{5}$.

Résolution. — En nous plaçant dans l'hypothèse précédente, on calcule la plus petite racine de l'équation en z,

$$z = \frac{b - \sqrt{4 - 2b - b^2}}{b+2}$$

en la rendant d'abord calculable par logarithmes ; cette valeur (*) de z étant donnée *par son logarithme*, sans qu'il soit nécessaire de l'avoir elle-même, on aura $\operatorname{tg} x$ et $\operatorname{tg} y$ par les formules

$$T = \frac{1 \pm \sqrt{1 - 4z}}{2},$$

que l'on rendra calculables par logarithmes et où n'intervient que le logarithme de z ; si une racine est négative, on en calcule la valeur absolue et on change le signe de l'arc trouvé. Si alors x' et y' sont deux arcs correspondants, les solutions sont

$$k.180 + x' \qquad \text{et} \qquad k.180 + y'.$$

132. Problème II. — *Résoudre le système*

$$\begin{cases} \sin x + \sin y = a, \\ \cos x + \cos y = b. \end{cases}$$

Transformons les premiers membres de ces équations en produits

$$\begin{cases} 2 \sin \dfrac{x+y}{2} \cos \dfrac{x-y}{2} = a, \\[2mm] 2 \cos \dfrac{x+y}{2} \cos \dfrac{x-y}{2} = b ; \end{cases}$$

si l'on divise membres à membres ces équations, on a

$$\operatorname{tg} \frac{x+y}{2} = \frac{a}{b},$$

équation qui donne l'arc $\dfrac{x+y}{2}$.

Cet arc étant connu, la première équation donne l'arc $\dfrac{x-y}{2}$

(*) Si elle est négative, on calculera le logarithme de $-z$.

$$\cos \frac{x - y}{2} = \frac{a}{2 \sin \frac{x + y}{2}}.$$

Discussion. — La valeur de $\operatorname{tg} \dfrac{x + y}{2}$ est toujours acceptable ; pour que celle de $\cos \dfrac{x - y}{2}$ le soit, il faut et il suffit que son carré soit inférieur à 1

$$\frac{a^2}{4 \sin^2 \dfrac{x + y}{2}} \leqslant 1,$$

ou

$$\frac{a^2 \left(1 + \operatorname{tg}^2 \dfrac{x + y}{2} \right)}{4 \operatorname{tg}^2 \dfrac{x + y}{2}} \leqslant 1,$$

$$\frac{a^2 \left(1 + \dfrac{a^2}{b^2} \right)}{4 \dfrac{a^2}{b^2}} \leqslant 1,$$

$$a^2 + b^2 \leqslant 4.$$

Résolution. — L'arc $\dfrac{x + y}{2}$ est calculable par logarithmes et si α est un arc ayant pour tangente $\dfrac{a}{b}$, la solution générale est

$$\frac{x + y}{2} = k \cdot 180 + \alpha.$$

L'arc $\dfrac{x - y}{2}$ est calculable par logarithmes ; toutefois, il importe de remarquer que la formule qui donne cet arc ne donne pas une seule valeur pour le cosinus ; si k est pair, le dénominateur $2\sin\dfrac{x+y}{2}$ est égal à $2\sin\alpha$; si k est impair, il est égal à $2\sin(180°+\alpha)$ ou $-2\sin\alpha$; si β est un arc qui correspond à k pair, $180°-\beta$ correspond à k impair, et on a la solution générale

$$\frac{x-y}{2} = 2k'.180° \pm \beta \qquad\qquad k \text{ pair}$$

$$\frac{x-y}{2} = 2k'.180° \pm (180-\beta) \qquad k \text{ impair.}$$

On en déduit

$$\left.\begin{aligned} x &= (2k'+k)180° + \alpha \pm \beta \\ y &= (k-2k')180° + \alpha \mp \beta \end{aligned}\right\} \quad k \text{ pair}$$

$$\left.\begin{aligned} x &= (2k'+k\pm 1)180° + \alpha \mp \beta \\ y &= (k-2k'+1)180° + \alpha \pm \beta \end{aligned}\right\} \quad k \text{ impair}$$

ou, en remarquant que les coefficients de $180°$ sont toujours pairs et que l'on peut intervertir x et y à cause de la symétrie des équations,

$$x = 2p.180° + \alpha \pm \beta,$$
$$y = 2q.180° + \alpha \mp \beta.$$

133. Problème III. — Résoudre le système

$$\begin{cases} x + y = a, \\ \sin x \sin y = b. \end{cases}$$

Transformons le produit en somme

$$\begin{cases} x + y = a, \\ \cos(x-y) - \cos(x+y) = 2b. \end{cases}$$

La seconde équation donne l'arc $x - y$ par la relation

$$\cos (x - y) = 2b + \cos a.$$

Discussion. — La condition nécessaire et suffisante pour que l'on puisse calculer $x - y$ est que la valeur donnée pour $\cos (x - y)$ soit comprise entre -1 et $+1$

$$-1 < 2b + \cos a < +1,$$
$$-1 - \cos a < 2b < 1 - \cos a.$$

Résolution. — Ces conditions étant vérifiées, on calcule à l'aide des logarithmes un angle α tel que

$$\cos \alpha = 2b + \cos a.$$

Tous les angles qui ont ce même cosinus sont

$$k.360 \pm \alpha,$$

et on a x et y à l'aide des relations

$$x + y = a,$$
$$x - y = k.360 \pm \alpha,$$

ou

$$x = k.180 + \frac{a \pm \alpha}{2},$$

$$y = - k.180 + \frac{a \mp \alpha}{2},$$

α et a étant supposés exprimés en degrés.

134. Remarque. — Dans les deux derniers exemples, on a calculé la somme et la différence des arcs x et y; c'est là un procédé qui est fréquemment employé; on peut, pour faire apparaître cette somme ou cette différence, transformer suivant les cas, une somme de sinus

et de cosinus en un produit ou effectuer la transformation inverse.

Notons que dans l'exemple qui précède, on aurait pu introduire une inconnue auxiliaire z en posant

$$x = \frac{a}{2} + z, \qquad y = \frac{a}{2} - z.$$

L'équation du problème aurait été

$$\sin\left(\frac{a}{2} + z\right) \sin\left(\frac{a}{2} - z\right) = b,$$

ou

$$\sin^2 \frac{a}{2} \cos^2 z - \sin^2 z \cos^2 \frac{a}{2} = b.$$

Ici, ce procédé ne présente aucun avantage, mais il est des cas où il peut être commode de l'employer ; de même, si deux arcs x et y ont une différence donnée a, on peut les exprimer à l'aide d'une inconnue auxiliaire z, en posant

$$x = \frac{a}{2} + z, \qquad y = z - \frac{a}{2}.$$

EXERCICES

1. Résoudre les équations suivantes et trouver les angles x qui les vérifient, ces angles étant compris entre 0° et 360° ou entre 0ᵍ et 400ᵍ :

$$\sqrt{3} \cos x + \sin x = 1, \qquad \sin^6 x + \cos^6 x = \frac{1}{4},$$

$$\cos x + \sin x = \frac{1 + \sqrt{3}}{2}, \qquad \sin^4 x + \cos^4 x = \frac{2}{3},$$

$$\cos x - 2 \sin x = \frac{2 + \sqrt{3}}{2}, \qquad \mathrm{tg}^4 x - 15\,\mathrm{tg}^2 x - 13 = 0;$$

$$\sin x + 2 \cos x = 2,$$
$$3 \sin x + 4 \cos x = 5,$$
$$7 \sin x - 15 \cos x = 12,$$
$$\cos^3 x + 3 \cos x - 1 = 0,$$
$$\cos^3 x + 2 \sin x + 1 = 0;$$
$$3 \sin x + 6 \cos^2 x = 5,$$
$$4 \sin^3 x = 3 \sin x + \cos^3 x,$$

$$\operatorname{tg}^4 x - 12 \operatorname{tg}^2 x + 7 = 0,$$
$$\operatorname{tg}^2 x + \sin^2 x = 3 \cos^2 x,$$
$$\sin 3x = 2 \sin x,$$
$$\sin 3x = 2 \sin^2 x,$$
$$\sin x + \sin 2x + \sin 3x = 0,$$
$$\sin x + \sin 2x + \sin 3x = 1 + \cos x + \cos 2x,$$
$$\cos x + \sin x = \operatorname{cotg} x - \operatorname{tg} x.$$

2. Résoudre les équations suivantes et calculer toutes les valeurs des arcs qui les vérifient :

$$\arcsin x + \arcsin x\sqrt{3} = 90°,$$
$$\arcsin x + \arccos 2x = 180°,$$
$$\arcsin x + \arcsin x\sqrt{2} = 90°,$$

$$\operatorname{arc\,tg} x + \operatorname{arc\,tg} 3x = 90°,$$
$$\operatorname{arc\,tg} x + 2 \operatorname{arc\,tg} 2x = 90°,$$
$$\operatorname{arc\,tg} x + 2 \operatorname{arc\,tg} 3x = 180°.$$

3. Résoudre et discuter les équations suivantes, dans lesquelles λ est un paramètre arbitraire :

$$\sin^2 x + \operatorname{tg}^2 x = \lambda^2,$$
$$\lambda \cos^2 x + (2\lambda^2 - \lambda + 1) \sin x - 3\lambda + 1 = 0,$$
$$(\lambda - 2) \sin^4 x - 2(\lambda - 3) \sin^2 x + \lambda - 5 = 0,$$
$$\sin^2 x + 2(\lambda - 1) \sin x + \lambda - 2 = 0,$$
$$(\lambda - 1) \sin^2 x - 2(\lambda + 1) \cos x + 2\lambda - 1 = 0,$$
$$\sin x \sin 3x = \lambda,$$
$$\sin^2 x + 2 \cos^2 x + \sin 2x = \lambda,$$
$$\sin x + \cos x + \operatorname{tg} x + \operatorname{cotg} x + \sec x + \operatorname{coséc} x = \lambda.$$

4. Résoudre les systèmes suivants :

$$\begin{cases} \sin x + \sin y = a, \\ \cos x - \cos y = b. \end{cases} \qquad \begin{cases} \sin x + \cos y = a, \\ \cos x + \sin y = b. \end{cases}$$

$$\begin{cases} \sin x \cos y = a, \\ \sin x + \cos y = b. \end{cases} \qquad \begin{cases} \sin 2x + \operatorname{tg} y = a, \\ \operatorname{tg} x + \operatorname{tg} y = a. \end{cases}$$

$$\left\{ \begin{aligned} &\cos x \cos y = a, \\ &\operatorname{tg} x + \operatorname{tg} y = b. \end{aligned} \right. \qquad\qquad \left\{ \frac{\operatorname{tg} x}{a} = \frac{\operatorname{tg} y}{b} = \frac{\operatorname{tg}(x+y)}{c}. \right.$$

$$\left\{ \begin{aligned} &\operatorname{tg} x + \operatorname{tg} y = a, \\ &\operatorname{cotg} x + \operatorname{cotg} y = b. \end{aligned} \right.$$

5. Résoudre les systèmes suivants :

$$\left\{ \begin{aligned} &x + y = a, \\ &\sin x \sin y = \lambda \cos^2 x. \end{aligned} \right. \qquad\qquad \left\{ \begin{aligned} &x + y = a, \\ &\operatorname{tg} x \operatorname{tg} y = b. \end{aligned} \right.$$

$$\left\{ \begin{aligned} &x - y = a, \\ &\sin y \cos x = \lambda \sin^2 x. \end{aligned} \right. \qquad\qquad \left\{ \begin{aligned} &x - y = a, \\ &\operatorname{cotg} x - \operatorname{cotg} y = b. \end{aligned} \right.$$

$$\left\{ \begin{aligned} &x + y = a, \\ &\operatorname{tg} x + \operatorname{tg} y = b. \end{aligned} \right.$$

6. Résoudre les inégalités suivantes, en supposant x compris entre $0°$ et $360°$.

$$\sin^2 x - 4 \sin x - 1 < 0,$$

$$\cos^2 x - 2 \sin x + 1 > 0,$$

$$\sin x + 2 \cos x - 2 < 0,$$

$$\sin x + \sin 2x + \sin 3x > 0,$$

$$\frac{\cos x}{1 + 2 \cos x} > \frac{1 - \cos x}{1 - 2 \cos x},$$

$$\frac{1 - \sin x}{1 - 3 \sin x} < \frac{1 + \sin x}{1 - 9 \sin^2 x},$$

$$\sqrt{1 - \sin x} > \cos x,$$

$$\sqrt{1 + 2 \cos x} < \sin x.$$

7. On considère deux droites rectangulaires Ox, Oy et une droite Oz qui fait avec Ox l'angle aigu α ; on projette un point M de cette droite en M_1 sur Ox ; on projette M_1 en M_2 sur Oz, M_2 en M_3 sur Ox, et ainsi de suite ; on projette de même M en M'_1 sur Oy, M'_1 en M'_2

sur Oz, etc... ; calculer les limites des sommes

$$S = MM_1 + M_1M_2 + \ldots$$
$$S' = MM'_1 + M'_1M'_2 + \ldots$$

et déterminer l'angle α de façon que le rapport $\dfrac{S}{S'}$ soit égal à 2.

(Baccalauréat.)

8. Sur une droite OX, on prend un point A tel que $OA = a$; par ce point on trace deux sécantes AB, AC limitées en B et C à la perpendiculaire OY à OX et telles que $\widehat{OAB} = \widehat{OCA} = x$. Déterminer l'angle x de façon que la somme des longueurs AC et AB soit égale à une longueur donnée m.

(Baccalauréat.)

9. Étant donné un cercle de diamètre AB, trouver sur ce cercle un point M tel que $MA + MB = m$; on prendra pour inconnue l'angle MAB.

10. On considère un cercle de diamètre AB, une droite Δ perpendiculaire à AB et ne coupant pas le cercle; un diamètre variable rencontre le cercle en des points M et N, les droites AM, AN rencontrent la droite Δ en des points P et Q;

1• Déterminer l'angle du diamètre MN avec AB de façon que le produit $MP \times NQ$ soit une constante $2l^2$;

2• Démontrer que le quadrilatère MNPQ est inscriptible.

(Baccalauréat.)

11. Un triangle équilatéral ABC tourne autour d'un axe XX' passant par son sommet A; déterminer l'angle θ que fait AB avec AX de façon que la surface totale engendrée par le périmètre du triangle soit égale à πm^2.

(Baccalauréat.)

12. On donne dans un plan deux droites parallèles et un point P; à quelle distance de ce point faut-il mener une perpendiculaire AA' à ces droites pour que la longueur AA' soit vue du point P sous un angle donné α ?

13. Inscrire dans un secteur circulaire OAB, dont l'angle au centre vaut 45°, un rectangle dont la diagonale soit l et sachant qu'un côté est dirigé suivant le rayon OA

14. On donne un demi-cercle AOB et une droite AZ faisant avec le diamètre AB un angle α ; on demande de trouver sur AB un point C tel que, si on élève de ce point une perpendiculaire sur AB, on ait la relation

$$CD + CE = l,$$

D, E étant les points où cette perpendiculaire rencontre le demi-cercle et la droite AZ.

(Saint-Cyr.)

15. Étant donné un cercle de diamètre AB, trouver sur ce cercle un point M tel que, m étant sa projection sur le diamètre, on ait

$$AM + mB = l.$$

On prendra pour inconnue l'angle MBA.

(Baccalauréat.)

16. Un point P étant donné sur le diamètre AB d'un cercle, trouver sur ce cercle un point M tel que la somme des distances du point P aux cordes MA, MB soit égale à une longueur l.

(Baccalauréat.)

17. Étant donnée une circonférence de rayon r et une tangente AT, mener par le centre une droite OT, telle que le périmètre du triangle OAT soit égal à une longueur donnée $2p$.

18. Étant donnés deux cercles, mener une sécante telle que les cordes déterminées sur cette sécante aient une somme donnée $2l$ et que la somme des angles sous lesquels ces cordes sont vues des centres des cercles soit un angle donné 2α.

19. Trouver sur un arc AB donné un point M tel que si l'on joint les points A, B au centre O du cercle et au point M, le quadrilatère AMBO ait une surface donnée.

20. Étant donné un arc AB d'un cercle O, mener un diamètre MM' tel que le périmètre du quadrilatère MAM'B soit égal à une longueur donnée $2p$.

21. Trouver les angles d'un trapèze inscrit dans un cercle de diamètre AB, sachant qu'une base est AB et que son périmètre est $2p$.

22. Même problème, en supposant que l'on donne, au lieu du périmètre, la somme des carrés des côtés.

23. Étant donnés un cercle de diamètre AB et une corde CD de longueur égale au rayon, trouver la position de cette corde sachant que la surface du quadrilatère ABCD est égale à k^2.

24. Même problème, en supposant que le périmètre du quadrilatère est égal à l.

25. On mène la tangente en B à une circonférence de diamètre AB ; déterminer une corde issue de A, de façon que si M et T sont les points où elle rencontre le cercle et la tangente en B, on ait :

$$AM + kMT = l.$$

26. Par l'extrémité A du diamètre AB d'un cercle, on mène une corde AM et la bissectrice AM' de l'angle MAB ; trouver cet angle, sachant que

$$AM + kAM' = l.$$

27. Trouver les angles d'un triangle rectangle, dont on donne l'hypoténuse a, sachant que sa surface est égale à celle d'un rectangle de hauteur h et de base égale à la somme des côtés de l'angle droit du triangle.

28. Étant donné un cercle de diamètre AB, mener par A et B deux cordes qui se coupent sous un angle donné et telles que la somme de leurs projections sur AB soit égale à l.

29. Même problème, en supposant que la somme de ces cordes et de leurs projections sur AB est égale à l.

30. Étant donnés un cercle de diamètre AB et les tangentes en A et B, on demande de mener par A et B deux cordes se coupant sous un angle α et déterminant sur les tangentes des longueurs AT, BT' dont la somme soit égale à l.

CHAPITRE II

RÉSOLUTION DES TRIANGLES

144. Un triangle peut être déterminé par différentes grandeurs qui y figurent; par exemple, on peut se donner les hauteurs, les bissectrices, les angles formés par ces droites, etc.; pourvu que le nombre des conditions distinctes soit égal à trois, on pourra construire en général le triangle ou calculer ses côtés et ses angles, c'est-à-dire *le résoudre*. Nous étudierons d'abord les cas simples dans lesquels les données sont les côtés ou les angles, avec au moins un côté; nous donnerons plus tard quelques exemples de résolution de triangles pour lesquels on se donne d'autres grandeurs liées au triangle.

Comme on doit se donner un côté au moins pour que le triangle soit déterminé, il en résulte que nous n'aurons que quatre cas possibles :

Un côté et deux angles (le troisième est alors connu);

Deux côtés et l'angle compris;

Deux côtés et l'angle opposé à l'un d'eux;

Les trois côtés.

Ces cas de résolution correspondent aux cas que nous

Soient ABC un triangle (*fig.* 45) et O le centre du cercle
circonscrit à ce triangle; si du
point O on mène la perpendiculaire OH sur le côté BC, l'angle
BOH est égal à la moitié de l'angle au centre BOC et, par suite, à
l'angle aigu inscrit BAC ; dans le
triangle rectangle BOH, on a

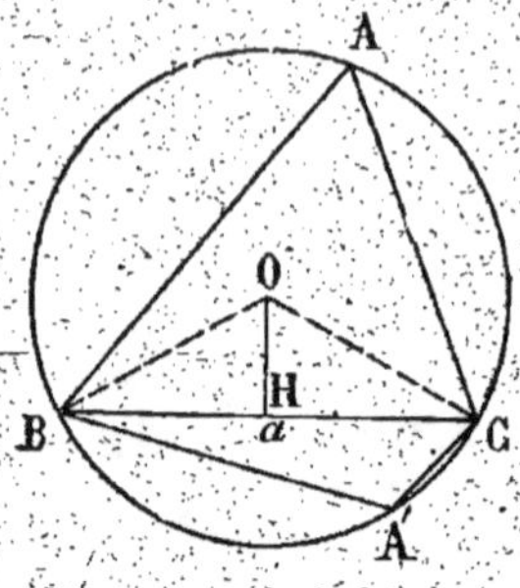

Fig. 45.

$$BH = \frac{a}{2} = OB \sin \widehat{BOH} = R \sin A.$$

Si, en second lieu, on suppose l'angle A′ du triangle
BA′C obtus, il est supplémentaire de l'angle A ; les sinus
de ces angles sont égaux et on a

$$BH = \frac{a}{2} = OB \sin \widehat{BOH} = R \sin A = R \sin A'.$$

Donc, quel que soit l'angle A du triangle, on a toujours

$$a = 2R \sin A;$$

on a de même

$$b = 2R \sin B,$$

$$c = 2R \sin C,$$

ce qui peut s'écrire

$$\frac{a}{\sin A} = \frac{b}{\sin B} = \frac{c}{\sin C}.$$

On peut remarquer que la valeur commune de ces rapports est le diamètre 2R du cercle circonscrit.

Conséquence. — Si à ces deux relations on adjoint la
relation

$$A + B + C = 180° \text{ ou } 200^g,$$

on a le premier système de relations

$$(\text{I}) \quad \begin{cases} \dfrac{a}{\sin A} = \dfrac{b}{\sin B} = \dfrac{c}{\sin C}, \\ A + B + C = 180^\circ. \end{cases}$$

REMARQUE. — *Ces relations sont distinctes.* — En effet, la dernière ne contient que les angles ; la première

$$\frac{a}{\sin A} = \frac{b}{\sin B}$$

contient deux côtés et ne peut être conséquence de la dernière, qui ne les contient pas ; enfin, la seconde relation

$$\frac{a}{\sin A} = \frac{c}{\sin C}$$

renferme un côté c qui n'existe dans aucune des deux autres ; elle ne peut en être une conséquence.

137. **Deuxième système.** — **Théorème :** *Dans un triangle, un côté est égal à la somme des produits obtenus en multipliant un des deux autres côtés par le cosinus de l'angle qu'il fait avec le premier.*

Considérons le triangle ABC (*fig.* 46) et supposons les côtés AC, CB parcourus dans le sens ACB, le côté AB parcouru dans le sens AB ; le vecteur $\overline{AB}$ est la somme géométrique des vecteurs $\overline{AC}$ et $\overline{CB}$ et si l'on projette ces vecteurs sur l'axe $\overline{AB}$, on a

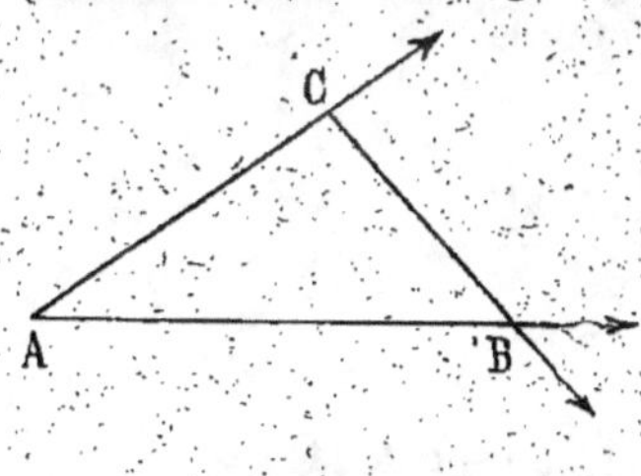

Fig. 46.

$$\text{proj. } \overline{AB} = \text{proj. } \overline{AC} + \text{proj. } \overline{CB},$$
$$AB = AC \cos (\overline{AB}, \overline{AC}) + CB \cos (\overline{AB}, \overline{CB}),$$

en choisissant comme sens positifs des axes qui portent ces vecteurs, les sens $\overrightarrow{AB}$, $\overrightarrow{AC}$ et $\overrightarrow{CB}$.

L'angle $\overrightarrow{AB}$, $\overrightarrow{AC}$ est l'angle A du triangle; l'angle $\overrightarrow{AB}$, $\overrightarrow{CB}$ est l'angle B du triangle; les vecteurs étant positifs ont pour mesures respectives c, b, a et on a

$$c = b \cos A + a \cos B,$$

conformément à l'énoncé.

Conséquence. — En opérant de la même façon relativement aux côtés AC et BC, on trouve deux autres relations analogues; on obtient ainsi le système

$$\text{(II)} \quad \begin{cases} a = b \cos C + c \cos B, \\ b = c \cos A + a \cos C, \\ c = a \cos B + b \cos A. \end{cases}$$

Remarque. — *Ces relations sont distinctes.* — Si elles n'étaient pas distinctes, l'une d'elles, la troisième par exemple, devrait être identiquement vérifiée quand on y remplacerait deux éléments par leurs valeurs tirées des deux premières. Tirons $\cos A$ et $\cos B$ des deux premières

$$\cos B = \frac{a - b \cos C}{c},$$

$$\cos A = \frac{b - a \cos C}{c},$$

et portons dans la dernière

$$c = a\,\frac{a - b \cos C}{c} + b\,\frac{b - a \cos C}{c},$$

ou

$$c^2 = a^2 + b^2 - 2ab \cos C;$$

or, il est manifeste que cette relation n'a pas lieu quelles que soient les valeurs données à a, b, c, C.

138. Troisième système. — Théorème : *Dans un triangle, le carré d'un côté est égal à la somme des carrés des deux autres côtés diminuée de deux fois le produit de ces côtés par le cosinus de l'angle qu'ils comprennent.*

Nous supposerons d'abord que l'angle opposé au côté considéré est aigu ; soit A cet angle (*fig.* 47).

D'après un théorème de géométrie, on a

$$a^2 = b^2 + c^2 - 2c \cdot AH.$$

D'autre part, le triangle rectangle ACH donne la valeur de AH

$$AH = AC \cos A = b \cos A.$$

La relation précédente peut alors s'écrire

$$a^2 = b^2 + c^2 - 2bc \cos A.$$

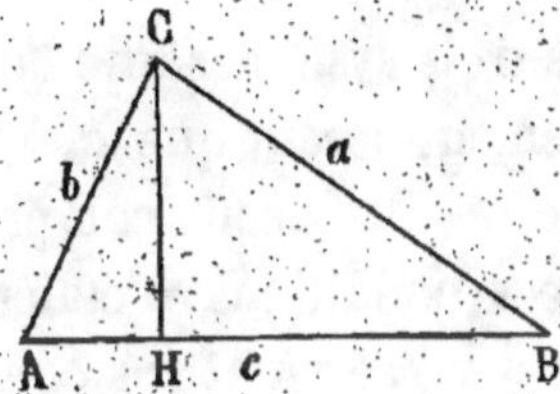

Fig. 47.   Fig. 48.

Supposons, en second lieu, l'angle A obtus (*fig.* 48).

On a, d'après un théorème de géométrie,

$$a^2 = b^2 + c^2 + 2c \times AH,$$

et, dans le triangle rectangle ACH,

$$AH = AC \cos \widehat{CAH} = b \cos \widehat{CAH}.$$

L'angle aigu CAH est supplémentaire de l'angle obtus A du triangle ; on peut donc remplacer $\cos \widehat{CAH}$ par

— cos A,   ce qui donne

$$AH = - b \cos A,$$

et

$$a^2 = b^2 + c^2 - 2bc \cos A.$$

Conséquence. — Le même théorème appliqué successivement aux trois côtés fournit le troisième système de relations

$$(III) \quad \begin{cases} a^2 = b^2 + c^2 - 2bc \cos A, \\ b^2 = a^2 + c^2 - 2ac \cos B, \\ c^2 = a^2 + b^2 - 2ab \cos A. \end{cases}$$

REMARQUE. — *Ces relations sont distinctes,* car chacune d'elles contient un seul angle, qui n'est pas le même pour deux d'entre elles.

Équivalence des systèmes.

139. Nous allons établir que les trois systèmes que l'on vient de former sont équivalents, en supposant que a, b, c sont des nombres positifs, et que A, B, C sont compris entre 0° et 180° ou 0ᵣ et 200ᵣ ; si ces conditions n'étaient pas supposées remplies, les systèmes ne seraient pas équivalents, comme on le verra par la démonstration même.

On peut établir séparément l'équivalence des systèmes pris deux à deux ; mais, pour ne pas allonger inutilement la démonstration, nous montrerons simplement l'équivalence des systèmes (I) et (II) et des systèmes (II) et (III) ; les systèmes (I) et (III) équivalents au système (II) seront équivalents.

140. Équivalence des systèmes (I) et (II).

1° *Toute relation du système* (II) *est une conséquence des relations du système* (I).

De la relation

$$A + B + C = 180°,$$

on déduit

$$B + C = 180° - A,$$

et

$$\sin (B + C) = \sin A,$$

ou

$$\sin B \cos C + \sin C \cos B = \sin A.$$

D'autre part, les relations

$$\frac{\sin A}{a} = \frac{\sin B}{b} = \frac{\sin C}{c} = \frac{1}{2R}$$

donnent

$$\sin A = \frac{a}{2R},$$

$$\sin B = \frac{b}{2R},$$

$$\sin C = \frac{c}{2R},$$

et, en remplaçant $\sin A$, $\sin B$, $\sin C$ par ces valeurs, on a

$$\frac{(b \cos C + c \cos B)}{2R} = \frac{a}{2R},$$

ou

$$a = b \cos C + c \cos B.$$

On établit de même que du système (I) on déduit les deux autres relations du système (II).

2° *Toute relation du système* (I) *est une conséquence des relations du système* (II).

Nous aurons ici à déduire du système (II) deux sortes de relations de natures différentes ; les deux premières contiennent à la fois les angles et les côtés, la troisième ne contient que les angles ; nous nous occuperons d'abord des premières; nous allons montrer que le système (II) conduit à la relation

$$\frac{a}{\sin A} = \frac{b}{\sin B}.$$

Il faut donc entre les relations (II) éliminer le côté c et l'angle C; ces relations sont

$$(II) \quad \begin{cases} a = b\cos C + c\cos B, \\ b = c\cos A + a\cos C, \\ c = a\cos B + b\cos A. \end{cases}$$

Nous éliminerons C entre les deux premières en les ajoutant membres à membres, après avoir multiplié les deux membres de la première par a et les deux membres de la seconde par $-b$; on obtient ainsi

$$a^2 - b^2 = c(a\cos B - b\cos A).$$

Remplaçons dans cette relation c par sa valeur fournie par la troisième relation :

$$a^2 - b^2 = (a\cos B + b\cos A)(a\cos B - b\cos A)$$
$$= a^2\cos^2 B - b^2\cos^2 A,$$

ce que l'on peut écrire

$$a^2(1 - \cos^2 B) = b^2(1 - \cos^2 A),$$
$$a^2\sin^2 B = b^2\sin^2 A\;;$$

les nombres a et b sont supposés positifs et les angles A et B sont supposés compris entre $0°$ et $180°$; leurs sinus sont positifs; la relation précédente équivaut, *sous ces conditions*, à

$$a\sin B = b\sin A,$$

ou

$$\frac{a}{\sin A} = \frac{b}{\sin B}.$$

On établit de même que du système (II) résulte la relation

$$\frac{a}{\sin A} = \frac{c}{\sin C}.$$

Il reste à montrer que la relation

$$A + B + C = 180°$$

est conséquence du système (II).

Des relations II, on a déduit

$$\frac{a}{\sin A} = \frac{b}{\sin B} = \frac{c}{\sin C}.$$

Si k est la valeur commune de ces rapports, on a

$$a = k \sin A,$$
$$b = k \sin B,$$
$$c = k \sin C,$$

et en remplaçant dans la première relation (II),

$$k \sin A = k (\sin B \cos C + \sin C \cos B),$$

ou

$$\sin A = \sin (B + C).$$

En remplaçant dans les deux autres relations, on aurait de même.

$$\sin B = \sin (A + C),$$
$$\sin C = \sin (A + B).$$

Ces relations donnent, pour les angles A, B, C, en remarquant que chacun d'eux est compris entre 0° et 180° et que la somme de deux d'entre eux est comprise entre 0° et 360°,

$$A = B + C \qquad \text{ou} \qquad A + B + C = 180° ;$$
$$B = A + C \qquad \text{ou} \qquad A + B + C = 180° ;$$
$$C = A + B \qquad \text{ou} \qquad A + B + C = 180°,$$

Les trois relations

$$A = B + C,$$
$$B = A + C,$$
$$C = A + B$$

sont incompatibles, car elles ne peuvent avoir lieu simultanément que si l'on a

$$A = B = C = 0,$$

ce qui est contraire à l'hypothèse.

Il faut donc que l'on ait

$$A + B + C = 180°.$$

REMARQUE. — Si les conditions restrictives imposées à a, b, c, A, B, C n'étaient pas vérifiées, on voit que les deux systèmes ne seraient pas équivalents; en particulier, on pourrait du système (II) déduire à la fois

$$\frac{a}{\sin A} = \frac{b}{\sin B} \qquad \text{et} \qquad \frac{a}{\sin A} = -\frac{b}{\sin B}.$$

141. Équivalence des systèmes (II) et (III). — 1° *Toute relation du système (III) est une conséquence des relations du système (II).*

Pour déduire du système (II) la relation

$$a^2 = b^2 + c^2 - 2bc \cos A,$$

il faut éliminer les angles B et C entre les relations du système (II).

Tirons $\cos B$ de la troisième et $\cos C$ de la seconde

$$\cos B = \frac{c - b \cos A}{a},$$

$$\cos C = \frac{b - c \cos A}{a},$$

et portons ces valeurs dans la première

$$a = b\,\frac{b - c\cos A}{a} + c\,\frac{c - b\cos A}{a},$$

ou

$$a^2 = b^2 + c^2 - 2bc\cos A.$$

2° *Toute relation du système* (II) *est une conséquence des relations du système* (III).

Proposons-nous de déduire du système (III) la relation

$$a = b\cos C + c\cos B.$$

Il suffit pour cela d'ajouter membres à membres les relations

$$b^2 = a^2 + c^2 - 2ac\cos B,$$

$$c^2 = a^2 + b^2 - 2ab\cos C;$$

on trouve, en supprimant b^2 et c^2 dans les deux membres,

$$0 = 2a^2 - 2ac\cos B - 2ab\cos C,$$

ou

$$a = b\cos C + c\cos B.$$

142. **Théorème.** — *a, b, c étant trois nombres positifs et A, B, C trois angles compris entre* 0° *et* 180° *et vérifiant l'un des systèmes* (I), (II) *ou* (III), *il existe un triangle dont les côtés sont a, b, c et les angles* A, B, C.

Les systèmes étant équivalents, on peut toujours supposer que les nombres donnés vérifient le système (III); nous allons établir le théorème dans ce cas.

1° *On peut construire un triangle de côtés a, b, c.*

Il suffit, pour le montrer, de faire voir que l'un des nombres a, b, c est compris entre la somme et la différence des deux autres.

On a, par hypothèse,

$$a^2 = b^2 + c^2 - 2bc \cos A.$$

Cos A étant compris entre -1 et $+1$, a^2 est compris entre

$$b^2 + c^2 + 2bc \qquad \text{et} \qquad b^2 + c^2 - 2bc,$$

ou

$$(b + c)^2 \qquad \text{et} \qquad (b - c)^2 ;$$

a est donc compris entre la somme et la différence des côtés b et c.

2° A, B, C *sont les angles de ce triangle.*

Montrons, par exemple, que A est l'angle opposé au côté a ; désignons, en effet, par A′ cet angle ; il vérifie la relation

$$a^2 = b^2 + c^2 - 2bc \cos A'$$

et comme on a, par hypothèse,

$$a^2 = b^2 + c^2 - 2bc \cos A,$$

on en conclut l'égalité

$$\cos A = \cos A'.$$

Les angles A et A′ étant compris entre 0 et 180° et ayant même cosinus sont égaux.

REMARQUE. — D'après ce théorème, il sera inutile dans la discussion d'un problème de vérifier qu'un côté est compris entre la somme et la différence de deux autres.

143. Théorème. — *La surface d'un triangle a pour mesure la moitié du produit de deux côtés par le sinus de l'angle formé par ces côtés.*

Menons la hauteur AH du triangle ; l'expression de la

surface est

$$\frac{1}{2} BC \times AH.$$

D'autre part, le triangle rectangle ABH donne la valeur de AH

$$AH = AB \sin B = c \sin B.$$

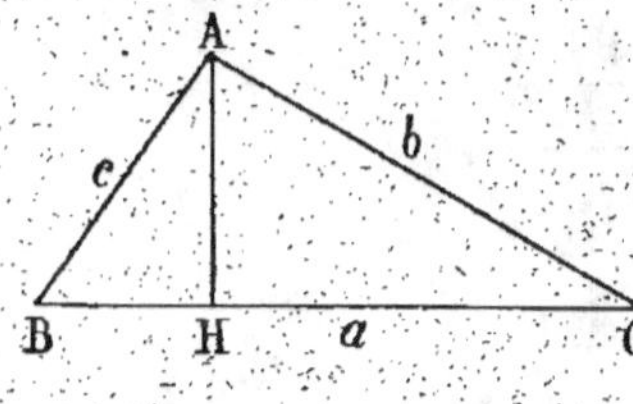

Fig. 49.

Remplaçons AH par cette valeur et nous trouvons, conformément à l'énoncé, la relation

$$S = \frac{1}{2} ac \sin B.$$

EXERCICES

1. Démontrer directement l'équivalence des systèmes (II) et (III).

2. A, B, C étant les angles d'un triangle, on a

$$\cos \frac{A}{2} + \cos \frac{B}{2} + \cos \frac{C}{2} = 4 \cos \frac{180-A}{4} \cdot \cos \frac{180-B}{4} \cdot \cos \frac{180-C}{4},$$

$$\cos 4A + \cos 4B + \cos 4C = 4 \cos 2A \cdot \cos 2B \cdot \cos 2C - 1,$$

$$\sin^2 \frac{A}{2} + \sin^2 \frac{B}{2} + \sin^2 \frac{C}{2} = 1 - 2 \sin \frac{A}{2} \cdot \sin \frac{B}{2} \cdot \sin \frac{C}{2},$$

$$\operatorname{tg} pA + \operatorname{tg} pB + \operatorname{tg} pC = \operatorname{tg} pA \cdot \operatorname{tg} pB \cdot \operatorname{tg} pC, \qquad (p \text{ entier.})$$

$$\operatorname{tg} \frac{B}{2} \cdot \operatorname{tg} \frac{C}{2} + \operatorname{tg} \frac{C}{2} \cdot \operatorname{tg} \frac{A}{2} + \operatorname{tg} \frac{A}{2} \cdot \operatorname{tg} \frac{B}{2} = 1,$$

$$\operatorname{cotg} \frac{A}{2} = \frac{\sin B + \sin C}{\cos B + \cos C}.$$

3. A, B, C étant les angles d'un triangle, a, b, c les côtés, $2p$ le périmètre, R le rayon du cercle circonscrit, on a

$$a = p \; \frac{\sin \dfrac{A}{2}}{\cos \dfrac{B}{2} \cos \dfrac{C}{2}};$$

$$\frac{b+c}{a} = \frac{\cos \dfrac{B-C}{2}}{\sin \dfrac{A}{2}};$$

$$\frac{b-c}{a} = \frac{\sin \dfrac{B-C}{2}}{\cos \dfrac{A}{2}};$$

$$\frac{\operatorname{tg} A}{\operatorname{tg} B} = \frac{c^2 + a^2 - b^2}{b^2 + c^2 - a^2};$$

$$a \sin (B - C) + b \sin (C - A) + c \sin (A - B) = 0;$$

$$(b + c) \operatorname{tg} \frac{B - C}{2} + (c + a) \operatorname{tg} \frac{C - A}{2} + (a + b) \operatorname{tg} \frac{A - B}{2} = 0;$$

$$\frac{\cos B - \cos C}{p - a} + \frac{\cos C - \cos A}{p - b} + \frac{\cos A - \cos B}{p - c} = 0;$$

$$R = \frac{1}{2} \sqrt[3]{\frac{abc}{\sin A . \sin B . \sin C}};$$

$$(1 + \cos A)(1 + \cos B)(1 + \cos C) = \frac{p^2}{2 R^2}.$$

4. Si dans un triangle on a

$$\frac{\operatorname{tg} B}{\operatorname{tg} C} = \frac{\sin^2 B}{\sin^2 C},$$

le triangle est rectangle ou isocèle.

5. Si dans un triangle on a

$$\frac{\sin C}{\sin B} = 2 \cos A,$$

le triangle est isocèle.

6. Si dans un triangle on a

$$\sin A = \frac{\sin B + \sin C}{\cos B + \cos C},$$

le triangle est rectangle en A.

7. Les côtés d'un triang'e étant respectivement $x^2 + x + 1$, $2x + 1$ et $x^2 - 1$, où x est supérieur à l'unité, vérifier que l'angle opposé au premier côté vaut 120°.

(Baccalauréat.)

8. Démontrer que si l'on a simultanément

$$\frac{a^3 + b^3 + c^3}{a + b + c} = c^2 \qquad \text{et} \qquad \sin A . \sin B = \sin^2 C,$$

le triangle est équilatéral.

9. Démontrer que si l'on a

$$\frac{2 \sin A \sin B}{\sin C} = \cotg \frac{C}{2}$$

le triangle est isocèle.

10. Démontrer que si l'on a

$$4S = c^2 \cotg \frac{C}{2}$$

le triangle est isocèle.

11. Démontrer que si l'on a

$$\frac{b^2}{\tg B} + \frac{c^2}{\tg C} = 4S,$$

le triangle est rectangle.

12. Démontrer que si l'on a

$$\sin 2B + \sin 2C = \frac{2S}{R^2},$$

le triangle est rectangle.

LIVRE II

RÉSOLUTION DES TRIANGLES

CHAPITRE I

RELATIONS ENTRE LES ÉLÉMENTS D'UN TRIANGLE

---

135. Les éléments d'un triangle, angles et côtés, sont au nombre de six ; trois d'entre eux, dont un côté au moins, suffisent pour déterminer le triangle ; il en résulte que ces éléments doivent être liés par trois relations distinctes ; ces relations combinées entre elles peuvent d'ailleurs donner naissance à d'autres relations, qui seront les conséquences des premières. Nous allons établir trois systèmes de trois relations distinctes et nous montrerons ensuite que ces systèmes sont équivalents.

136. Premier système. — Théorème : *Dans un triangle, les côtés sont proportionnels aux sinus des angles opposés à ces côtés.*

avons envisagés en géométrie dans la construction des triangles (*).

145. **Premier cas.** — *Résoudre un triangle connaissant un côté a et deux angles B et C.*

L'angle A est donné par la formule

$$A = 180° - B - C,$$

en supposant les angles exprimés en degrés.

Pour calculer les côtés, nous nous servirons des relations

$$\frac{a}{\sin A} = \frac{b}{\sin B} = \frac{c}{\sin C},$$

qui donnent

$$b = \frac{a \sin B}{\sin A}, \qquad c = \frac{a \sin C}{\sin A};$$

ces formules sont calculables par logarithmes.

La surface peut être exprimée à l'aide des données ; on a, en effet,

$$S = \frac{1}{2} ac \sin B = \frac{1}{2} a^2 \frac{\sin B \sin C}{\sin A}.$$

DISCUSSION. — Pour que le problème soit possible, il faut et il suffit que A soit positif, c'est-à-dire que la somme des angles donnés soit inférieure à 180°. Cette condition étant remplie, A, B, C sont compris entre 0° et 180° et les nombres a, b, c sont positifs ; ce sont donc les éléments d'un triangle (142).

146. **Deuxième cas.** — *Résoudre un triangle connaissant deux côtés et l'angle formé par ces côtés.*

(*) *Géométrie plane* (classes de Seconde C et D).

Soient b et c les côtés et A l'angle donnés. Les angles B et C sont alors liés aux données par les deux relations du système (I)

$$\begin{cases} \dfrac{b}{\sin B} = \dfrac{c}{\sin C}, \\ A + B + C = 180°. \end{cases}$$

Nous pouvons calculer ces angles à l'aide de ces relations.

La dernière donne la somme

$$B + C = 180° - A.$$

La première peut s'écrire

$$\frac{b}{\sin B} = \frac{c}{\sin C} = \frac{b+c}{\sin B + \sin C} = \frac{b-c}{\sin B - \sin C},$$

ou

$$\frac{b+c}{2 \sin \dfrac{B+C}{2} \cos \dfrac{B-C}{2}} = \frac{b-c}{2 \sin \dfrac{B-C}{2} \cos \dfrac{B+C}{2}},$$

ou

$$\operatorname{tg} \frac{B-C}{2} = \frac{b-c}{b+c} \operatorname{tg} \frac{B+C}{2}.$$

L'angle $\dfrac{B+C}{2}$ étant complémentaire de l'angle $\dfrac{A}{2}$, on peut écrire

$$\operatorname{tg} \frac{B-C}{2} = \frac{b-c}{b+c} \operatorname{cotg} \frac{A}{2}.$$

Connaissant la somme $180° - A$ et la différence α des angles B et C calculée au moyen de la formule précédente, on aura B et C :

$$B = 90° - \frac{A}{2} + \frac{\alpha}{2},$$

$$ C = 90° - \frac{A}{2} - \frac{\alpha}{2}. $$

Le côté a sera alors donné par la formule

$$ a = \frac{b \sin A}{\sin B}. $$

DISCUSSION. — Pour que le problème soit possible, il faut et il suffit que a soit positif et que B et C soient compris entre 0° et 180°; la première condition est d'ailleurs remplie, si les conditions relatives aux angles le sont; nous n'avons donc à nous occuper que de ces dernières.

La somme $B + C$ est ici certainement inférieure à 180°, A étant compris entre 0° et 180°; il suffit donc que B et C soient positifs; si les côtés b et c ne sont pas égaux, on peut toujours supposer $b > c$, et B est supérieur à C; la seule condition est donc que C soit positif, ce qui donne

$$ 90° - \frac{A}{2} - \frac{\alpha}{2} > 0, $$

$$ \frac{\alpha}{2} < 90° - \frac{A}{2}. $$

La tangente de l'angle $\frac{\alpha}{2}$ doit être positive et inférieure à la tangente de l'angle $90° - \frac{A}{2}$, puisque les tangentes de deux angles compris entre 0° et 90° sont dans le même ordre de grandeur que les angles; la seule condition est donc

$$ \operatorname{tg} \frac{\alpha}{2} < \operatorname{tg}\left(90° - \frac{A}{2}\right), $$

ou

$$\frac{b-c}{b+c}\,\mathrm{cotg}\,\frac{A}{2} < \mathrm{cotg}\,\frac{A}{2},$$

condition qui est toujours vérifiée puisque $b-c$ est inférieur à $b+c$.

Le problème a toujours une solution ; il n'en a qu'une, puisqu'à la valeur de la tangente correspond un seul arc $\frac{\alpha}{2}$ compris entre 0° et 90°.

Résolution. — Si les côtés sont donnés effectivement, on calculera leur somme et leur différence et on aura l'angle $\frac{\alpha}{2}$ par la formule

$$\log \mathrm{tg}\,\frac{\alpha}{2} = \log (b-c) + \mathrm{colog}\,(b+c) + \log \mathrm{cotg}\,\frac{A}{2}.$$

Si les côtés b et c sont donnés par leurs logarithmes, on obtiendra l'angle $\frac{\alpha}{2}$ sans qu'il soit nécessaire de calculer b et c ; écrivons

$$\mathrm{tg}\,\frac{\alpha}{2} = \frac{1-\dfrac{c}{b}}{1+\dfrac{c}{b}}\,\mathrm{cotg}\,\frac{A}{2},$$

et posons

$$\mathrm{tg}\,\varphi = \frac{c}{b};$$

on obtient

$$\mathrm{tg}\,\frac{\alpha}{2} = \frac{1-\mathrm{tg}\,\varphi}{1+\mathrm{tg}\,\varphi}\,\mathrm{cotg}\,\frac{A}{2},$$

$$\mathrm{tg}\,\frac{\alpha}{2} = \mathrm{tg}(45° - \varphi)\,\mathrm{cotg}\,\frac{A}{2}.$$

Le calcul du côté a résultera de la formule

$$\log a = \log b + \log \sin B + \operatorname{colog} \sin A.$$

REMARQUE I. — On peut encore calculer a de la façon suivante ; les relations

$$\frac{a}{\sin A} = \frac{b}{\sin B} = \frac{c}{\sin C}$$

donnent

$$\frac{a}{\sin A} = \frac{b+c}{\sin B + \sin C} = \frac{b+c}{2 \sin \dfrac{B+C}{2} \cos \dfrac{B-C}{2}},$$

$$a = (b+c) \frac{\sin A}{2 \cos \dfrac{A}{2} \cos \dfrac{\alpha}{2}} = \frac{(b+c) \sin \dfrac{A}{2}}{\cos \dfrac{\alpha}{2}}.$$

Si les côtés b et c sont donnés effectivement, le calcul de a par cette formule exige la recherche de deux logarithmes nouveaux, ceux de $\sin \dfrac{A}{2}$ et de $\cos \dfrac{\alpha}{2}$, tandis que le calcul par la formule

$$a = \frac{b \sin A}{\sin B}$$

exige le calcul de trois logarithmes nouveaux, ceux de $\sin B$, de $\sin A$ et de b ; il y a donc alors avantage à employer dans ce cas le second procédé.

REMARQUE II. — Comme exercice, proposons-nous de calculer le côté a sans calculer les angles B et C ; la relation

$$a^2 = b^2 + c^2 - 2bc \cos A$$

résout la question ; mais il reste à la rendre calculable

par logarithmes ; nous avons traité ce problème (92), et il est aisé de voir que l'on est conduit à introduire ici encore l'angle $\frac{\alpha}{2}$; ce procédé n'offre donc aucun avantage.

147. Troisième cas (CAS DOUTEUX). — *Résoudre un triangle connaissant deux côtés et l'angle opposé à l'un d'eux.*

Supposons que l'on connaisse les côtés a, b et l'angle A opposé au côté a.

La relation

$$\frac{a}{\sin A} = \frac{b}{\sin B}$$

fournit la valeur de l'angle B au moyen de son sinus

$$\sin B = \frac{b \sin A}{a}.$$

L'angle B étant ainsi déterminé, l'angle C est connu

$$C = 180^0 - A - B.$$

Le côté c peut alors être calculé en se servant de la relation

$$\frac{c}{\sin C} = \frac{a}{\sin A},$$

$$c = \frac{a \sin C}{\sin A}.$$

La surface est

$$S = \frac{1}{2} ab \sin C.$$

DISCUSSION. — Pour que l'on puisse trouver un angle B vérifiant l'égalité

$$\sin B = \frac{b \sin A}{a},$$

il faut et il suffit que le second membre de cette égalité soit inférieur ou égal à 1, puisqu'il est positif

$$b \sin A \leqslant a.$$

Cette condition étant supposée remplie, il existe deux angles ayant pour sinus la quantité $\dfrac{b \sin A}{a}$; l'un est compris entre 0° et 90° ; soit α ; l'autre est compris entre 90° et 180° et est égal à 180° — α.

On peut donc prendre pour B les deux valeurs

$$\alpha \qquad \text{et} \qquad 180° - \alpha.$$

Les valeurs correspondantes de C seraient

$$180° - A - \alpha \quad \text{et} \quad 180° - A - (180° - \alpha) \quad \text{ou} \quad \alpha - A.$$

Pour que ces valeurs conviennent, il faut et il suffit qu'elles soient positives et inférieures à 180° ; la seconde condition est toujours remplie ; pour étudier la première condition, nous distinguerons deux cas :

1° **A** *est aigu.* — L'angle α étant aigu, la somme $A + \alpha$ est inférieure à 180° et la première solution

$$C' = 180° - (A + \alpha)$$

est positive ; elle convient.

Pour que la seconde solution

$$C' = \alpha - A$$

convienne, il faut et il suffit que

$$\alpha - A > 0, \qquad \text{ou} \qquad \alpha > A.$$

Les angles α et A sont aigus ; leurs sinus sont dans le même ordre de grandeur que les angles et la condition précédente équivaut à

$$\sin \alpha > \sin A,$$

ou

$$\frac{b \sin A}{a} > \sin A,$$

$$b > a.$$

En résumé, A étant aigu, il y a une seule solution si $b < a$; elle correspond à l'angle B aigu ; si $b > a$, il y a deux solutions : pour l'une, B est aigu ; pour l'autre, B est obtus.

2° **A *est droit ou obtus*.** — La solution

$$C' = \alpha - A$$

ne convient pas, puisque α étant aigu, cette différence est négative.

Pour que la solution

$$C' = 180° - (A + \alpha)$$

convienne, il faut et il suffit que l'on ait

$$180° - A - \alpha \geqslant 0,$$

$$\alpha < 180° - A.$$

Les angles α et $180° - A$ étant aigus sont dans le même ordre de grandeur que leurs sinus ; l'inégalité précédente équivaut donc à

$$\sin \alpha < \sin(180° - A) \text{ ou } \sin A,$$

ou

$$\frac{b \sin A}{a} < \sin A,$$

$$b < a.$$

Donc, si A est obtus, il n'y a pas de solution quand b est supérieur ou égal à a ; il y a une solution dans le cas contraire, elle correspond à un angle B aigu.

Résumé. — La discussion peut être résumée dans le

tableau suivant :

$$b \sin A > a, \qquad\qquad\qquad \text{0 solution.}$$

$$b \sin A \leqslant a \begin{cases} A < 90° \begin{cases} a \geqslant b & \text{une solution.} \\ a < b & \text{deux solutions.} \end{cases} \\ A \geqslant 90° \begin{cases} a > b & \text{une solution.} \\ a < b & \text{0 solution.} \end{cases} \end{cases}$$

Si l'on remarque que la quantité $b \sin A$ n'est autre chose que la hauteur relative au côté a, on peut écrire ce tableau sous une forme identique à celle qui a été donnée en géométrie (*).

Remarque. — Comme exercice, proposons-nous de calculer le côté c directement ; il est donné par l'équation

$$a^2 = b^2 + c^2 - 2bc \cos A,$$

ou

$$c^2 - 2bc \cos A + b^2 - a^2 = 0.$$

Cette équation donne deux valeurs si l'on a

$$b^2 \cos^2 A - b^2 + a^2 \geqslant 0,$$

$$a \geqslant b \sin A.$$

Si elle est remplie, les racines sont de même signe pour $b > a$; elles sont positives si $\cos A$ est positif ou A aigu, il y a deux solutions ; elles sont négatives si $\cos A$ est négatif ou A obtus, il n'y a pas de solution ; enfin, les racines sont de signes différents et il y a une seule solution, si b est inférieur à a. Nous retrouvons ainsi les résultats de la discussion précédente.

Pour faire le calcul de c, nous résolvons l'équation

$$c = b \cos A \pm \sqrt{a^2 - b^2 \sin^2 A},$$

$$c = b \left[\cos A \pm \sin A \sqrt{\frac{a^2}{b^2 \sin^2 A} - 1} \right].$$

(*) *Géométrie plane* (classes de Seconde C et D).

Posons

$$\sin \varphi = \frac{b \sin A}{a};$$

il vient

$$c = b\left[\cos A \pm \frac{\sin A \cos \varphi}{\sin \varphi}\right],$$

$$c = b\, \frac{\sin (\varphi \pm A)}{\sin \varphi}.$$

L'angle auxiliaire φ ainsi introduit est l'angle α calculé par la première méthode et les angles $\varphi + A$, $\varphi - A$ sont les angles C' et C''; on effectue donc des calculs identiques à ceux que l'on a faits dans la première méthode.

148. **Quatrième cas.** — *Résoudre un triangle connaissant les trois côtés.*

Le système (III) donne la valeur d'un angle en fonction des côtés; ainsi, l'angle A est fourni par la relation

$$a^2 = b^2 + c^2 - 2bc \cos A.$$

On en déduit

$$\cos A = \frac{b^2 + c^2 - a^2}{2bc}.$$

Il reste à rendre cette formule calculable par logarithmes; à cet effet, on préfère calculer l'angle $\frac{A}{2}$; cet angle sera déterminé très simplement par sa tangente, et nous avons vu que l'on déterminait un angle avec plus de précision au moyen de sa tangente qu'au moyen de son sinus ou de son cosinus. Pour avoir $\operatorname{tg} \frac{A}{2}$, nous déduirons d'abord de la relation qui précède le sinus et le cosinus de l'angle $\dfrac{A}{2}$.

On a

$$\sin^2 \frac{A}{2} = \frac{1 - \cos A}{2} = \frac{1 - \dfrac{b^2 + c^2 - a^2}{2bc}}{2}$$

$$= \frac{a^2 - (b^2 + c^2 - 2bc)}{4bc},$$

$$\sin^2 \frac{A}{2} = \frac{a^2 - (b - c)^2}{4bc} = \frac{(a + b - c)(a - b + c)}{4bc},$$

$$\cos^2 \frac{A}{2} = \frac{1 + \cos A}{2} = \frac{1 + \dfrac{b^2 + c^2 - a^2}{2bc}}{2}$$

$$= \frac{b^2 + c^2 + 2bc - a^2}{4bc},$$

$$\cos^2 \frac{A}{2} = \frac{(b + c)^2 - a^2}{4bc} = \frac{(b + c + a)(b + c - a)}{4bc}.$$

Posons, pour abréger,

$$a + b + c = 2p;$$

on en déduit

$$a + b - c = 2p - 2c = 2(p - c),$$
$$a - b + c = 2p - 2b = 2(p - b),$$
$$b + c - a = 2p - 2a = 2(p - a),$$

et les valeurs de $\sin \dfrac{A}{2}$ et de $\cos \dfrac{A}{2}$ prennent la forme

$$\sin \frac{A}{2} = \sqrt{\frac{4(p - c)(p - b)}{4bc}} = \sqrt{\frac{(p - b)(p - c)}{bc}},$$

$$\cos \frac{A}{2} = \sqrt{\frac{4p(p - a)}{4bc}} = \sqrt{\frac{p(p - a)}{bc}}.$$

Divisant ces égalités membres à membres, on a

$$\operatorname{tg} \frac{A}{2} = \sqrt{\frac{(p - b)(p - c)}{p(p - a)}}.$$

On trouve de même

$$\operatorname{tg} \frac{B}{2} = \sqrt{\frac{(p - a)(p - c)}{p(p - b)}}, \quad \operatorname{tg} \frac{C}{2} = \sqrt{\frac{(p - a)(p - b)}{p(p - c)}}.$$

La surface est donnée par la formule

$$S = \frac{1}{2} bc \sin A = bc \sin \frac{A}{2} \cos \frac{A}{2},$$

ou

$$S = bc \sqrt{\frac{p(p - a)(p - b)(p - c)}{b^2 c^2}}$$
$$= \sqrt{p(p - a)(p - b)(p - c)}.$$

Discussion. — Pour que l'on puisse calculer les angles au moyen de ces formules, il faut et il suffit que les quantités placées sous les radicaux soient positives, ou, ce qui revient au même, que le produit

$$p(p - a)(p - b)(p - c)$$

soit positif; ce produit peut s'écrire

$$\frac{1}{16}(a + b + c)(b + c - a)(a + c - b)(a + b - c).$$

Soit a le côté qui n'est pas inférieur aux deux autres; les facteurs

$$a + b + c, \qquad a + c - b, \qquad a + b - c$$

sont positifs; il faut et il suffit, pour que le produit soit positif, que l'on ait

$$b + c - a > 0,$$

$$a < b + c,$$

condition donnée par la géométrie.

RÉSOLUTION. — Pour calculer les angles, il est commode d'introduire une grandeur auxiliaire

$$r = \sqrt{\frac{(p - a)(p - b)(p - c)}{p}},$$

dont nous verrons plus loin la signification géométrique. On peut écrire les valeurs de $\operatorname{tg} \frac{A}{2}$, $\operatorname{tg} \frac{B}{2}$, $\operatorname{tg} \frac{C}{2}$ sous la forme

$$\operatorname{tg} \frac{A}{2} = \frac{r}{p - a}, \qquad \operatorname{tg} \frac{B}{2} = \frac{r}{p - b}, \qquad \operatorname{tg} \frac{C}{2} = \frac{r}{p - c}.$$

On calculera simplement le logarithme de r et les angles seront donnés par les égalités :

$$2 \log r = \log (p - a) + \log (p - b) + \log (p - c) + \operatorname{colog} p,$$

$$\log \operatorname{tg} \frac{A}{2} = \log r + \operatorname{colog} (p - a),$$

$$\log \operatorname{tg} \frac{B}{2} = \log r + \operatorname{colog} (p - b),$$

$$\log \operatorname{tg} \frac{C}{2} = \log r + \operatorname{colog} (p - c).$$

149. Rayon du cercle circonscrit. — Nous avons vu que le rayon du cercle circonscrit était lié aux côtés et aux angles par la relation

$$2R = \frac{a}{\sin A},$$

ou

$$R = \frac{a}{4 \sin \dfrac{A}{2} \cos \dfrac{A}{2}} = \frac{a}{4 \sqrt{\dfrac{p(p-a)(p-b)(p-c)}{b^2 c^2}}},$$

$$R = \frac{abc}{4\sqrt{p(p-a)(p-b)(p-c)}}.$$

En remarquant que le radical placé au dénominateur représente la surface S, on a la nouvelle relation

$$R = \frac{abc}{4S}.$$

150. Rayons des cercles inscrit et exinscrits. — Soient ABC (*fig.* 50) un triangle et O, O′ les centres du cercle inscrit et du cercle exinscrit situé dans l'angle A ; désignons par A′, B′, C′ les points de contact du cercle inscrit avec les côtés du triangle et par A″, B″, C″ les points de contact du cercle exinscrit.

On a les relations

$$AC' + BC' = c,$$
$$AB' + CB' = b,$$
$$CA' + BA' = a.$$

Si l'on ajoute ces égalités membres à membres, on a, en remarquant que les tangentes

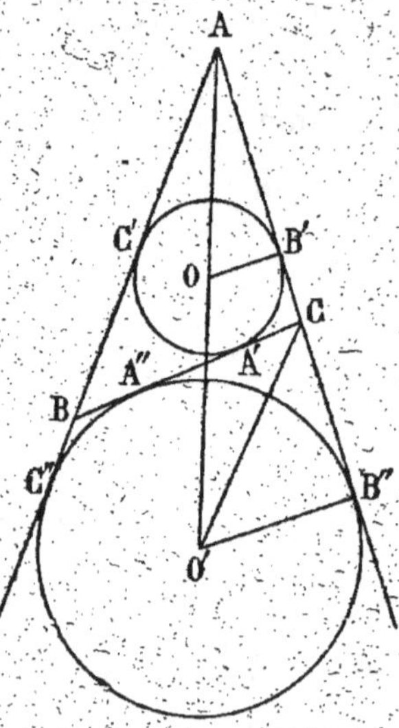

Fig. 50.

AC', AB'; BC', BA'; CB', CA' sont respectivement égales,

$$2(AC' + BA' + CB') = a + b + c,$$

$$AC' + BA' + CB' = p \, ;$$

on en conclut

$$AB' = AC' = p - a,$$

$$BC' = BA' = p - b,$$

$$CA' = CB' = p - c.$$

On trouve de même

$$AB'' = AC'' = p,$$

$$BC'' = BA'' = p - c,$$

$$CA'' = CB'' = p - b.$$

Ces relations comparées aux précédentes donnent

$$CA' = BA'',$$

c'est-à-dire que *le milieu du côté* BC *est milieu de* A'A''.

Ceci posé, le triangle rectangle AOB' a pour angle en A la moitié de l'angle A du triangle; le côté OB' est le rayon du cercle inscrit et on a la relation

$$OB' = AB' \operatorname{tg} \frac{A}{2},$$

$$r = (p - a) \operatorname{tg} \frac{A}{2}.$$

On trouve de même

$$r = (p - b) \operatorname{tg} \frac{B}{2},$$

$$r = (p - c) \operatorname{tg} \frac{C}{2}.$$

Dans le triangle rectangle AO'B", on a

$$O'B'' = AB'' \operatorname{tg} \frac{A}{2},$$

$$r_a = p \operatorname{tg} \frac{A}{2},$$

en désignant par r_a le rayon du cercle exinscrit.

Enfin, dans le triangle rectangle O'CB", l'angle C est le complément de l'angle $\dfrac{C}{2}$ du triangle ABC ; on a donc

$$O'B'' = CB'' \operatorname{cotg} \frac{C}{2},$$

$$r_a = (p - b) \operatorname{cotg} \frac{C}{2}.$$

On a donc, en résumé, la série de relations

$$r = (p - a) \operatorname{tg} \frac{A}{2} = (p - b) \operatorname{tg} \frac{B}{2} = (p - c) \operatorname{tg} \frac{C}{2} ;$$

$$r_a = p \operatorname{tg} \frac{A}{2} = (p - b) \operatorname{cotg} \frac{C}{2} ;$$

$$r_b = p \operatorname{tg} \frac{B}{2} = (p - c) \operatorname{cotg} \frac{A}{2} ;$$

$$r_c = p \operatorname{tg} \frac{C}{2} = (p - a) \operatorname{cotg} \frac{B}{2}.$$

Si nous remplaçons $\operatorname{tg} \dfrac{A}{2}$, $\operatorname{tg} \dfrac{B}{2}$, $\operatorname{tg} \dfrac{C}{2}$ par leurs valeurs, on obtient une nouvelle série de relations

$$r = \sqrt{\frac{(p-a)(p-b)(p-c)}{p}},$$

$$r_a = \sqrt{\frac{p(p-b)(p-c)}{p-a}},$$

$$r_b = \sqrt{\frac{p(p-a)(p-c)}{p-b}},$$

$$r_c = \sqrt{\frac{p(p-a)(p-b)}{p-c}};$$

et enfin, en introduisant la surface S,

$$r = \frac{S}{p}, \quad r_a = \frac{S}{p-a}, \quad r_b = \frac{S}{p-b}, \quad r_c = \frac{S}{p-c}.$$

151. Nous allons maintenant indiquer comment, dans la pratique, il convient de disposer les calculs pour résoudre un triangle ; nous examinerons les quatre cas que l'on vient d'étudier, évaluant les angles tantôt en degrés, tantôt en grades, comme cela a été fait pour les triangles rectangles ; il importe de se familiariser avec les deux notations.

Premier cas.

$$\text{Données} \begin{cases} a = 548,75. \\ B = 72°\,52'\,40''. \\ C = 40°\,6'\,15''. \end{cases} \qquad \text{Inconnues} \begin{cases} A = 67°\,1'\,5''. \\ b = 569,64. \\ c = 383,97. \end{cases}$$

Formules : $\quad A = 180° - (B + C), \qquad b = \dfrac{a \sin B}{\sin A}, \qquad c = \dfrac{a \sin C}{\sin A}.$

CALCULS AUXILIAIRES

1° Calcul de B + C.

$$
\begin{array}{l}
B = 72°\ 52'\ 40'' \\
C = 40°\ 6'\ 15'' \\
\hline
B + C = 112°\ 58'\ 55''
\end{array}
$$

2° Calcul de log a.

$$
\begin{array}{ll}
\log\ 548,7\ = 2,739\,33 & \delta = 8 \\
\text{pour}\quad 5 & 4 \\
\hline
\log a = 2,739\,37 &
\end{array}
$$

2° Calcul de log sin B.

$$
\begin{array}{ll}
\log \sin 72°\,52'\ = \overline{1},980\,29 & \delta = 3 \\
\text{pour}\quad 40'' & 2 \\
\hline
\log \sin b = \overline{1},980\,31 &
\end{array}
$$

3° Calcul de log sin C.

$$
\begin{array}{ll}
\log \sin 40°\ 6'\ = \overline{1},808\,97 & \delta = 15 \\
\text{pour}\quad 10'' & 2,5 \\
\text{pour}\quad 5'' & 1,25 \\
\hline
\log \sin C = \overline{1},809\,01 &
\end{array}
$$

4° Calcul de colog sin A.

$$
\begin{array}{ll}
\log \sin 67°\ 1'\ = \overline{1},964\,08 & \delta = 5 \\
\text{pour}\quad 5'' & 04 \\
\hline
\log \sin A = \overline{1},964\,08 & \\
\text{colog} \sin A = 0,035\,92. &
\end{array}
$$

CALCULS DÉFINITIFS

1° Calcul de A.

$$
\begin{array}{l}
180° = 179°\ 59'\ 60'' \\
B + C = 112°\ 58'\ 55'' \\
\hline
A = 67°\ 1'\ 5''
\end{array}
$$

2° Calcul de b.

$$
\begin{array}{l}
\log a = 2,739\,37 \\
\log \sin B = \overline{1},980\,31 \\
\text{colog} \sin A = 0,035\,92 \\
\hline
\log b = 2,755\,60
\end{array}
$$

$$
\begin{array}{ll}
\log\ 569,68\ = 2,755\,57 & \delta = 9 \\
\text{pour}\quad 37 & 3 \\
\hline
\log\ 569,64 = 2,755\,60 & \\
b = 569,64. &
\end{array}
$$

3° Calcul de c.

$$
\begin{array}{l}
\log a = 2,739\,37 \\
\log \sin C = \overline{1},809\,01 \\
\text{colog} \sin A = 0,035\,92 \\
\hline
\log c = 2,584\,30
\end{array}
$$

$$
\begin{array}{ll}
\log\ 383,9\ = 2,584\,22 & \delta = 11 \\
\text{pour}\quad 7 & 7,7 \\
\text{pour}\quad 3 & 33 \\
\hline
\log\ 383,973 = 2,584\,30 & \\
c = 383,97. &
\end{array}
$$

Deuxième cas.

$$\text{Données} \begin{cases} b = 675,26. \\ c = 548,75. \\ A = 65^r,456. \end{cases} \qquad \text{Inconnues} \begin{cases} B = 78^r,7957. \\ C = 56^r,7482. \\ a = 611,885. \end{cases}$$

$$\text{For-mules} \begin{cases} \dfrac{B+C}{2} = 100^r - \dfrac{A}{2}, \quad \operatorname{tg}\dfrac{B-C}{2} = \dfrac{b-c}{b+c}\cotg\dfrac{A}{2}, \quad a = \dfrac{(b+c)\sin\dfrac{A}{2}}{\cos\dfrac{B-C}{2}}. \end{cases}$$

CALCULS AUXILIAIRES	CALCULS DÉFINITIFS

CALCULS AUXILIAIRES

1° *Calcul de* $b+c$.

$$\begin{aligned} b &= 675,26 \\ c &= 548,75 \\ \hline b+c &= 1\,224,01 \end{aligned}$$

2° *Calcul de* $b-c$.

$$\begin{aligned} b &= 675,26 \\ c &= 548,75 \\ \hline b-c &= 126,51 \end{aligned}$$

3° *Calcul de* $\log(b+c)$

$$\begin{aligned} \log 1\,224 &= 3,087\,78 & \delta &= 36 \\ \text{pour}\quad 01 && 0,36 \\ \hline \log(b+c) &= 3,087\,78 \\ \operatorname{colog}(b+c) &= \bar{4},912\,22 \end{aligned}$$

4° *Calcul de* $\log(b-c)$.

$$\begin{aligned} \log 126,5 &= 2,102\,09 & \delta &= 31 \\ \text{pour}\quad 1 && 3,4 \\ \hline \log(b-c) &= 2,102\,12 \end{aligned}$$

5° *Calcul de* $\log\cotg\dfrac{A}{2}$.

$$\begin{aligned} \log\cotg 32^r,73 &= 0,248\,12 & \delta &= 16 \\ \text{pour}\quad -2 && 3,2 \\ \hline \log\cotg\dfrac{A}{2} &= 0,248\,15 \end{aligned}$$

6° *Calcul de* $\log\sin\dfrac{A}{2}$.

$$\begin{aligned} \log\sin 32^r,72 &= \bar{1},691\,64 & \delta &= 12 \\ \text{pour}\quad 8 && 96 \\ \hline \log\sin\dfrac{A}{2} &= \bar{1},691\,74 \end{aligned}$$

7° *Calcul de* $\operatorname{colog}\cos\dfrac{B-C}{2}$.

$$\begin{aligned} \log\cos 11^r,53 &= \bar{1},992\,84 & \delta &= 1 \\ \text{pour}\quad -63 && 06 \\ \hline \log\cos 11^r,5237 &= \bar{1},992\,85 \\ \operatorname{col}\cos 11^r,5237 &= 0,007\,15 \end{aligned}$$

CALCULS DÉFINITIFS

1° *Calcul de* $\dfrac{B+C}{2}$.

$$\begin{aligned} 100^r &= 100^r \\ \dfrac{A}{2} &= 32^r,728 \\ \hline \dfrac{B+C}{2} &= 67^r,272 \end{aligned}$$

2° *Calcul de* $\dfrac{B-C}{2}$.

$$\begin{aligned} \log(b-c) &= 2,102\,12 \\ \operatorname{colog}(b+c) &= \bar{4},912\,22 \\ \log\cotg\dfrac{A}{2} &= 0,248\,15 \\ \hline \log\operatorname{tg}\dfrac{B-C}{2} &= \bar{1},262\,49 \end{aligned}$$

$$\begin{aligned} \log\operatorname{tg} 11^r,52 &= \bar{1},262\,35 & \delta &= 38 \\ \text{pour}\quad 3 && 114 \\ \text{pour}\quad 7 && 26 \\ \hline \log\operatorname{tg} 11^r5237 &= \bar{1},262\,49 \\ \dfrac{B-C}{2} &= 11^r,5237 \end{aligned}$$

3° *Calculs de* B *et* C.

$$\begin{aligned} \dfrac{B+C}{2} &= 67^r,272 \\ \dfrac{B-C}{2} &= 11^r,5237 \\ \hline B &= 78^r,7957 \\ C &= 56^r,7483 \end{aligned}$$

4° *Calcul de* a.

$$\begin{aligned} \log(b+c) &= 3,087\,78 \\ \log\sin\dfrac{A}{2} &= \bar{1},691\,74 \\ \operatorname{col}\cos\dfrac{B-C}{2} &= 0,007\,15 \\ \hline \log a &= 2,786\,67 \end{aligned}$$

$$\begin{aligned} \log 611,8 &= 2,786\,61 & \delta &= 7 \\ \text{pour}\quad 85 && 6 \\ \hline \log 611,885 &= 2,786\,67 \\ a &= 611,885 \end{aligned}$$

Troisième cas (cas douteux).

Données.

$a = 458,6.$
$b = 503,75.$
$A = 61° 0'15''.$

Inconnues.

1re Solution.

$B' = 73°54'15''.$
$C' = 45° 5'30''.$
$c' = 371,34.$

2e Solution

$B'' = 106° 5'45''.$
$C'' = 12°54'.$
$c'' = 117,052.$

Formules : $\sin B = \dfrac{b \sin A}{a}$, $C = 180° - (A + B)$, $c = \dfrac{a \sin C}{\sin A}.$

Calculs auxiliaires.

1er Calcul de log a.

$\log a = \log 458,6 = 2,661\,43$
$\operatorname{colog} a = \bar{3},338\,57$

2e Calcul de log b.

$b = 9$ $\log 503,7 = 2,702\,17$
pour   5   45
$\log b = 2,702\,22$

Calculs définitifs.

1° Calcul de B.

$\log b = 2,702\,22$
$\log \sin A = \bar{1},941\,84$
$\operatorname{colog} a = \bar{3},338\,57$

$\log \sin B = \bar{1},982\,63$
$\log \sin 73°54' = \bar{1},982\,62$ $\delta = 4$
pour   15'' =   1
$\log \sin 73°54'15'' = \bar{1},982\,63$

3e Calcul de log sin A.

$K = 7 \log \sin 61°0' = \bar{1},941\,82$
pour   15''   1,7
$\log \sin A = \bar{1},941\,84$
$\operatorname{colog} \sin A = 0,058\,16$

4e Calcul de log sin C'.

$\delta = 12 \log \sin 45°5' = \bar{1},850\,12$
pour   30''   6
$\log \sin C' = \bar{1},850\,18$

5e Calcul de log sin C''.

$\log \sin C'' = \log \sin 12°54'$
$= \bar{1},348\,79$

1re solution

$B' = 73° 54'15''$

2e Solution

$B'' = 180° - 73°54'15'' = 106°5'45''$

2e Calcul de C.

1re Solution

$180° = 179° 59' 60''$
$A + B' = 134° 54' 30''$
$C' = 45° 5' 30''$

2e Solution

$180° = 179° 60'$
$A + B'' = 167° 6'$
$C'' = 12°54'$

3e Calcul de c.

1re Solution

$\log a = 2,661\,43$
$\log \sin C' = \bar{1},850\,18$
$\operatorname{colog} \sin A = 0,058\,16$
$\delta = 12$ $\log c' = 2,569\,77$
$\log 371,3 = 2,569\,72$
pour   4 =   48
$\log 371,34 = 2,569\,77$
$c' = 371,34$

2e Solution

$\log a = 2,661\,43$
$\log \sin C'' = \bar{1},348\,79$
$\operatorname{colog} \sin A = 0,058\,16$
$\log c'' = 2,068\,38$ $\delta = 4$
$\log 117,05 = 2,068\,37$
pour   2   08
$\log 117,052 = 2,068\,38$
$c'' = 117,052$

Quatrième cas.

Données
$$\begin{cases} a = 325{,}67. \\ b = 432{,}25. \\ c = 575{,}12. \end{cases}$$

Inconnues
$$\begin{cases} A = 37^g,9258. \\ B = 53^g,4866. \\ C = 108^g,5870. \end{cases}$$

Vérification : $A + B + C = 199^g,9994$

Formules : $r = \dfrac{\sqrt{(p-a)(p-b)(p-c)}}{P}$, $\quad \operatorname{tg}\dfrac{A}{2} = \dfrac{r}{p-a}$, $\quad \operatorname{tg}\dfrac{B}{2} = \dfrac{r}{p-b}$, $\quad \operatorname{tg}\dfrac{C}{2} = \dfrac{r}{p-c}$

CALCULS AUXILIAIRES

$2p = 1\,333{,}04, \quad p = 666{,}52$

1° *Calcul de* colog p.

```
log 666,5 = 2,823 80   δ = 7
pour    2        14
log p     = 2,823 81
colog p   = 3̄,176 19
```

2° *Calcul de* log (p − a).

```
p      = 666,52
a      = 325,67
p − a  = 340,85
log 340,8 = 2,532 50   δ = 13
pour    5        65
log (p − a)   = 2,532 57
colog (p − a) = 3̄,467 43
```

CALCULS DÉFINITIFS

1° *Calcul de* A.

```
log r         = 2,019 71
colog (p − a) = 3̄,467 43
log tg A/2    = 1̄,487 14
log tg 18ᵍ,96    = 1̄,487 07   δ = 24
pour      29           7
log tg 18ᵍ,96 29 = 1̄,487 14
A/2 = 18ᵍ,96 29
A   = 37ᵍ,92 58
```


3° *Calcul de* log (p − b).

```
p      = 666,52
b      = 432,25
p − b  = 234,27
log 234,2 = 2,369 59   δ = 18
pour    7       126
log (p − b)   = 2,369 72
colog (p − b) = 3̄,630 28
```

4° *Calcul de* log (p − c).

```
p      = 666,52
c      = 575,12
p − c  =  91,40
log (p − c)   = 1,960 95
colog (p − c) = 2̄,039 05
```

5° *Calcul de* log r.

```
log (p − a) = 2,5 2 57
log (p − b) = 2,369 72
log (p − c) = 1,960 95
colog p     = 3̄,176 19
2 log r = 4,039 43    log r = 2,019 71
```

2° *Calcul de* B.

```
log r         = 2,019 71
colog (p − b) = 3̄,630 28
log tg B/2    = 1̄,649 99
log tg 26ᵍ,74    = 1̄,649 93   δ = 18
pour     33           6
log tg 26ᵍ,7433 = 1̄,649 99
B/2 = 26ᵍ,74 33
B   = 53ᵍ,48 66
```

3° *Calcul de* C.

```
log r         = 2,019 71
colog (p − c) = 2̄,039 05
log tg C/2    = 0,058 76
log tg 54ᵍ,29    = 0,058 74   δ = 14
pour     35           5
log tg 54ᵍ,29 35 = 0,058 76
C/2 = 54ᵍ,29 35
C   = 108ᵍ,58 70
```

Problèmes divers.

152. Remarques générales. — La trigonométrie fournit des relations entre les éléments linéaires et les éléments angulaires des figures ; elle permet donc de résoudre des problèmes dont l'algèbre seule ne saurait donner la solution ; elle permet également, dans certains cas, de résoudre plus simplement que l'algèbre des questions où n'entrent que des longueurs, en introduisant comme inconnues auxiliaires des angles qui disparaissent ensuite dans les résultats définitifs.

La mise en équation se fait comme en algèbre et les remarques relatives à la symétrie des formules trouvent encore ici leur application ; il suffira de se reporter à ce qui a été dit au sujet de la solution des problèmes d'algèbre pour avoir des indications générales sur la marche à suivre ; nous ferons simplement observer que, dans la résolution d'un triangle, il y a souvent avantage à calculer d'abord les angles et à en déduire ensuite les côtés.

On a, en effet, établi une fois pour toutes une série de relations entre les lignes trigonométriques de certains angles ; on peut les utiliser pour écrire immédiatement les résultats de transformations algébriques, que l'on n'obtiendrait généralement que par une suite de calculs pénibles.

Relativement à la discussion des problèmes de résolution de triangles, nous rappellerons simplement que si l'on a fait usage des systèmes établis précédemment et si l'on a trouvé pour les côtés des nombres positifs et pour les angles des nombres positifs inférieurs à deux droits, on est assuré qu'il existe un triangle ayant ces éléments.

Nous allons traiter quelques exemples pour montrer l'application des remarques qui précèdent.

153. Problème I. — *Résoudre un triangle connaissant les angles et le périmètre.*

Le premier système de relations donne

$$\frac{a}{\sin A} = \frac{b}{\sin B} = \frac{c}{\sin C} = \frac{a+b+c}{\sin A + \sin B + \sin C}$$

$$= \frac{2p}{\sin A + \sin B + \sin C}.$$

Ces formules permettent de calculer a, b, c et donnent pour a, b, c des valeurs positives; le problème est toujours possible et a une seule solution.

Pour pouvoir calculer effectivement a, b, c, il faut transformer en produit la somme

$$\sin A + \sin B + \sin C.$$

Cette transformation a été déjà indiquée (84) et on peut écrire

$$a = \frac{p \sin A}{2 \cos \frac{A}{2} \cos \frac{B}{2} \cos \frac{C}{2}} = \frac{p \sin \frac{A}{2}}{\cos \frac{B}{2} \cos \frac{C}{2}},$$

$$b = \frac{p \sin B}{2 \cos \frac{A}{2} \cos \frac{B}{2} \cos \frac{C}{2}} = \frac{p \sin \frac{B}{2}}{\cos \frac{A}{2} \cos \frac{C}{2}},$$

$$c = \frac{p \sin C}{2 \cos \frac{A}{2} \cos \frac{B}{2} \cos \frac{C}{2}} = \frac{p \sin \frac{C}{2}}{\cos \frac{A}{2} \cos \frac{B}{2}}.$$

154. Problème II. — *Résoudre un triangle connaissant l'angle A, la hauteur h issue du sommet A et la différence d des deux autres hauteurs.*

On connaît la somme

$$B + C = 180° - A$$

des angles B et C; nous allons chercher une autre relation entre ces angles.

Ecrivant l'expression de la surface en fonction des hauteurs h, h', h'', on a les égalités

$$ah = bh' = ch'',$$

ou, en y remplaçant a, b, c par les quantités proportionnelles $\sin A$, $\sin B$, $\sin C$,

$$h \sin A = h' \sin B = h'' \sin C,$$

ou, en divisant par le produit $\sin A . \sin B . \sin C$,

$$\frac{h}{\sin B . \sin C} = \frac{h'}{\sin A . \sin C} = \frac{h''}{\sin A . \sin B}$$

$$= \frac{h'' - h' = d}{\sin A (\sin B - \sin C)},$$

en supposant $h'' > h'$ ou, ce qui revient au même, $B > C$.

On a ainsi l'équation

$$h \sin A (\sin B - \sin C) = d \sin B . \sin C.$$

Si l'on transforme la différence qui figure dans le premier membre en produit et le produit qui figure dans le second membre en différence, on introduit l'angle connu $B + C$ et le nouvel auxiliaire $B - C$.

$$4h \sin A . \sin \frac{B - C}{2} \cos \frac{B + C}{2}$$

$$= d[\cos (B - C) - \cos(B + C)].$$

Prenons alors comme inconnue l'angle $\dfrac{B - C}{2} = x$ et remplaçons $B + C$ par $180° - A$; nous trouvons ainsi

$$4h \sin A . \sin \frac{A}{2} . \sin x = d \cos 2x + d \cos A,$$

ou

$$2d \sin^2 x + 4h \sin A . \sin \frac{A}{2} . \sin x - d(1 + \cos A) = 0,$$

équation du second degré qui donne $\sin x$.

DISCUSSION. — Une racine de cette équation ne convient que si elle est positive et inférieure à 1 ; de plus, les angles B et C devront être positifs et inférieurs à 180°, il faut que l'angle $2x$ qui représente la différence B — C soit inférieur à 180° — A, ou que $\sin x$ soit inférieur à $\sin\left(90° - \dfrac{A}{2}\right)$ ou $\cos \dfrac{A}{2}$; ces conditions sont suffisantes.

Exprimons que l'équation a au moins une racine positive inférieure à $\cos \dfrac{A}{2}$; nous remarquerons d'abord que cette équation a des racines de signes différents, puisque leur produit $-\dfrac{1 + \cos A}{2}$ est négatif; la racine positive convient seule, si elle est inférieure à $\cos \dfrac{A}{2}$; la condition nécessaire et suffisante est donc que $\cos \dfrac{A}{2}$ soit supérieur aux deux racines. Comme $\cos \dfrac{A}{2}$ est positif, il suffit d'écrire qu'il n'est pas compris entre les racines, c'est-à-dire que $f\left(\cos \dfrac{A}{2}\right)$ est positif:

$$f\left(\cos \frac{A}{2}\right) = 2d \cos^2 \frac{A}{2} + 4h \sin A . \sin \frac{A}{2} \cdot \cos \frac{A}{2}$$
$$- d(1 + \cos A) = 2h \sin^2 A.$$

Cette quantité est positive ; la racine positive convient et le problème a une solution.

RÉSOLUTION. — La valeur de $\sin x$ est

$$\frac{-h \sin A . \sin \frac{A}{2} + \sqrt{h^2 \sin^2 A . \sin^2 \frac{A}{2} + d^2 \cos^2 \frac{A}{2}}}{d},$$

ou

$$\frac{h \sin A . \sin \frac{A}{2}}{d}\left[-1 + \sqrt{1 + \left(\frac{d \cos \frac{A}{2}}{h \sin A . \sin \frac{A}{2}}\right)^2}\right]$$

$$= \frac{h \sin A . \sin \frac{A}{2}}{d}\left[-1 + \sqrt{1 + \left(\frac{d}{2h \sin^2 \frac{A}{2}}\right)^2}\right].$$

Si l'on pose

$$\operatorname{tg} \varphi = \frac{d}{2h \sin^2 \frac{A}{2}},$$

l'expression prend la forme

$$\frac{h \sin A . \sin \frac{A}{2}}{d} \cdot \frac{1 - \cos \varphi}{\cos \varphi} = \frac{2h \sin A . \sin \frac{A}{2} . \sin^2 \frac{\varphi}{2}}{d \cos \varphi}$$

et est calculable par logarithmes.

Soit α l'angle trouvé dans les tables ; les angles B et C seront donnés par

$$\frac{B+C}{2} = 90° - \frac{A}{2},$$

$$\frac{B-C}{2} = \alpha,$$

$$B = 90° - \frac{A}{2} + \alpha,$$

$$C = 90° - \frac{A}{2} - \alpha.$$

Les côtés b et c sont alors fournis par les relations

$$b = \frac{h}{\sin C}, \qquad c = \frac{h}{\sin B},$$

et le côté a par la formule

$$a = \frac{b \sin A}{\sin B}.$$

155. Problème III. — *Résoudre un triangle connaissant les côtés b, c et la longueur l de la bissectrice intérieure de l'angle A.*

1re *Solution.* — Calculons d'abord les angles ; si nous connaissons A, le problème sera ramené à un cas connu ; nous aurons une relation entre les données et l'angle A en écrivant que l'aire du triangle ABC (*fig.* 51) est la somme des aires des triangles ABD, ACD

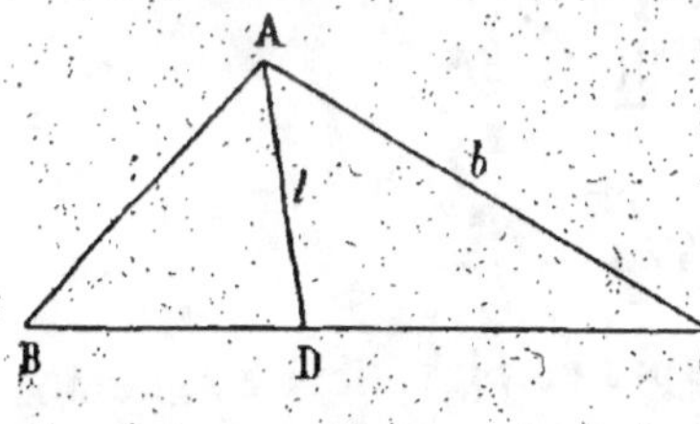

Fig. 51.

$$bc \sin A = bl \sin \frac{A}{2} + cl \sin \frac{A}{2},$$

ou

$$2bc \sin \frac{A}{2} \cdot \cos \frac{A}{2} = l(b + c) \sin \frac{A}{2},$$

$$\cos \frac{A}{2} = l\frac{(b + c)}{2bc}.$$

DISCUSSION. — L'angle A étant connu, on a à résoudre un triangle dont on connaît deux côtés et l'angle compris; ce problème a toujours une solution; le triangle proposé existera donc si l'on peut calculer A, c'est-à-dire si

$$\frac{l(b + c)}{2bc} < 1,$$

$$l < \frac{2bc}{b + c}.$$

2ᵉ *Solution.* — Proposons-nous de calculer le côté a; on sait, par la géométrie, que la longueur de la bissectrice est donnée par les formules

$$bc = l^2 + BD.DC,$$

$$\frac{BD}{c} = \frac{CD}{b} = \frac{a}{b + c};$$

a vérifie donc la relation

$$bc = l^2 + \frac{a^2 bc}{(b + c)^2},$$

$$a^2 = \frac{(bc - l^2)(b + c)^2}{bc},$$

$$a = (b + c)\sqrt{1 - \frac{l^2}{bc}}.$$

DISCUSSION. — Nous n'avons pas employé ici les systèmes de relations trigonométriques; on ne peut donc affirmer qu'il existe un triangle ayant pour côtés a, b, c; le problème sera possible si a existe et est compris entre $b + c$ et $b - c$.

Pour que a existe, il faut et il suffit que l'on ait

$$l^2 < bc.$$

D'autre part, a est le produit de $b + c$ par un nombre inférieur à l'unité ; a est donc inférieur à $b + c$; écrivons que a est supérieur à $b - c$, en supposant $b > c$:

$$a^2 > (b - c)^2,$$

$$\frac{(bc - l^2)(b + c)^2}{bc} > (b - c)^2,$$

$$bc[(b + c)^2 - (b - c)^2] > l^2(b + c)^2,$$

$$4b^2c^2 > l^2(b + c)^2,$$

$$l < \frac{2bc}{b + c}.$$

Cette condition étant remplie, la condition $l^2 < bc$ est vérifiée, et on calculera a par une formule logarithmique en posant

$$\frac{l^2}{bc} = \sin^2 \varphi.$$

156. Quadrilatère inscriptible. — *Résoudre un quadrilatère inscriptible, connaissant les côtés.*

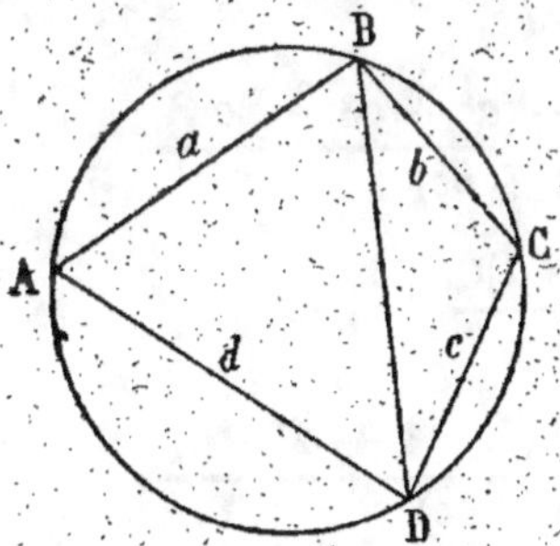

1° Calcul des angles. — Les angles A et C étant supplémentaires, ainsi que les angles B et D, il suffira de connaître A et B pour connaître les deux autres : calculons A.

Fig. 52.

Dans les triangles ABD, CBD, on a

$$\overline{BD}^2 = a^2 + d^2 - 2ad \cos A = b^2 + c^2 - 2bc \cos C.$$

ou, en remplaçant $\cos C$ par $-\cos A$,

$$a^2 + d^2 - 2ad \cos A = b^2 + c^2 + 2bc \cos A,$$

$$2(ad + bc) \cos A = a^2 + d^2 - b^2 - c^2,$$

$$\cos A = \frac{a^2 + d^2 - b^2 - c^2}{2(ad + bc)}.$$

Pour obtenir une formule calculable par logarithmes, nous calculerons l'angle $\frac{A}{2}$; on a

$$2 \cos^2 \frac{A}{2} = 1 + \cos A = 1 + \frac{a^2 + d^2 - b^2 - c^2}{2(ad + bc)}$$

$$= \frac{a^2 + d^2 + 2ad - (b^2 + c^2 - 2bc)}{2(ad + bc)}$$

$$= \frac{(a + d)^2 - (b - c)^2}{2(ad + bc)}$$

$$= \frac{(a + d + b - c)(a + d + c - b)}{2(ad + bc)},$$

$$2 \sin^2 \frac{A}{2} = 1 - \frac{a^2 + d^2 - b^2 - c^2}{2(ad + bc)}$$

$$= \frac{b^2 + c^2 + 2bc - (a^2 + d^2 - 2ad)}{2(ad + bc)}$$

$$= \frac{(b + c)^2 - (a - d)^2}{2(ad + bc)}$$

$$= \frac{(b + c + a - d)(b + c + d - a)}{2(ad + bc)}.$$

Posons

$$a + b + c + d = 2p ;$$

on en déduit

$$b + c + d - a = 2p - 2a = 2(p - a),$$

$$a + c + d - b = 2p - 2b = 2(p - b),$$
$$a + b + d - c = 2p - 2c = 2(p - c),$$
$$a + b + c - d = 2p - 2d = 2(p - d).$$

Les formules précédentes peuvent s'écrire

$$2\cos^2 \frac{A}{2} = \frac{2(p - b)(p - c)}{ad + bc},$$

$$2\sin^2 \frac{A}{2} = \frac{2(p - a)(p - d)}{ad + bc},$$

$$\cos \frac{A}{2} = \sqrt{\frac{(p - b)(p - c)}{ad + bc}},$$

$$\sin \frac{A}{2} = \sqrt{\frac{(p - a)(p - d)}{ad + bc}}.$$

On en déduit, en divisant membres à membres,

$$\operatorname{tg} \frac{A}{2} = \sqrt{\frac{(p - a)(p - d)}{(p - b)(p - c)}},$$

et on trouve de même

$$\operatorname{tg} \frac{B}{2} = \sqrt{\frac{(p - a)(p - b)}{(p - c)(p - d)}},$$

On calculera les angles C et D par les formules

$$C = 180° - A,$$
$$D = 180° - B.$$

DISCUSSION. — Pour que les angles existent, il faut et il suffit que le produit

$$(p - a)(p - b)(p - c)(p - d)$$

soit positif, ou que le produit

$$(b + c + d - a)(a + c + d - b)$$
$$\times (a + b + d - c)(a + b + c - d)$$

soit positif.

Si a n'est pas inférieur à b, c, d, les trois derniers facteurs sont positifs; la condition se réduit à

$$b + c + d - a > 0,$$
$$a < b + c + d.$$

Il faut et il suffit que le plus grand côté soit inférieur à la somme des trois autres.

Surface. — La surface du quadrilatère ABCD est la somme des surfaces des triangles ABD, CBD; on a donc

$$S = \frac{1}{2}\, ad \sin A + \frac{1}{2}\, bc \sin C,$$

$$S = \frac{1}{2}\,(ad + bc)\sin A,$$

les angles A et C étant supplémentaires et ayant même sinus.

On peut encore écrire

$$S = (ad + bc)\sin\frac{A}{2}\cdot\cos\frac{A}{2},$$

$$S = (ad + bc)\sqrt{\frac{(p-a)(p-b)(p-c)(p-d)}{(ad+bc)^2}},$$

$$S = \sqrt{(p-a)(p-b)(p-c)(p-d)}.$$

Diagonales. — La longueur de la diagonale BD est donnée par

$$\overline{BD}^2 = a^2 + d^2 - 2ad \cos A$$

$$= a^2 + d^2 - 2ad\,\frac{a^2 + d^2 - b^2 - c^2}{2(ad + bc)}$$

$$= \frac{(a^2 + d^2)(ad + bc) - ad(a^2 + d^2 - b^2 - c^2)}{ad + bc}$$

$$= \frac{(a^2 + d^2)bc + (b^2 + c^2)ad}{ad + bc}$$

$$= \frac{(ab + cd)(ac + bd)}{ad + bc}.$$

On trouve de même

$$\overline{AC}^2 = \frac{(ad + bc)(ac + bd)}{ab + cd}.$$

On déduit de ces expressions

$$\overline{AC}^2 . \overline{BD}^2 = (ac + bd)^2,$$

$$AC . BD = ac + bd,$$

relation qui est la traduction du théorème de Ptolémée. Si l'on fait le quotient des diagonales, on trouve

$$\frac{AC}{BD} = \frac{ad + bc}{ab + cd},$$

conséquence du théorème de Ptolémée.

Rayon du cercle circonscrit. — Le cercle circonscrit au quadrilatère est le cercle circonscrit au triangle ABD; on a donc

$$2R = \frac{BD}{\sin A} = \frac{BD}{2 \sin \dfrac{A}{2} . \cos \dfrac{A}{2}},$$

$$R = \frac{1}{4} \frac{\sqrt{(ab + cd)(ac + bd)(ad + bc)}}{\sqrt{(p - a)(p - b)(p - c)(p - d)}},$$

$$R = \frac{\sqrt{(ab + cd)(ac + bd)(ad + bc)}}{4S}.$$

EXERCICES

I. Résoudre un triangle connaissant :

a, A, et la somme $b + c = l$.
a, A, et la différence $b - c = l$.
a, A, et la hauteur h issue de A.
a, A, et la hauteur h' issue de B.

a, A, et la médiane m issue de A.
a, A, et la médiane m' issue de B.
a, A, et la bissectrice issue de A.

a, A, et la surface $\dfrac{1}{2}\,k^2$.

a, A et le rayon r du cercle inscrit.
a, A et le produit $bc = m^2$.
a, A et la somme $b^2 + c^2 = l^2$.

2. Résoudre un triangle connaissant :
A, la hauteur h issue de A et la somme $b + c = l$.
A, la hauteur h issue de A et la différence $b - c = l$.
A, la hauteur h issue de A et le produit $bc = m^2$.
A et deux hauteurs (deux cas).

A, le périmètre $2p$ et la surface $\dfrac{1}{2}\,k^2$.

A, la hauteur h et la médiane m issues de A.
A, le périmètre $2p$ et le rayon R du cercle circonscrit.
A, le rayon R du cercle circonscrit et le rayon r du cercle inscrit.
A, la hauteur h issue de A et le rayon R du cercle circonscrit.
A, la hauteur h issue de A et la différence d des segments déterminés par la hauteur sur le côté a.
A, b et le rayon r du cercle inscrit.

A, la médiane issue de A et la surface $\dfrac{1}{2}\,k^2$.

3. Résoudre un triangle connaissant :
A, B et une hauteur h.

A, B et la surface $\dfrac{1}{2}\,k^2$.

A, B et le rayon r du cercle inscrit.
A, B et la somme des inverses des hauteurs.
A, B et la somme des bissectrices intérieures.

4. Résoudre un triangle connaissant les trois hauteurs.

5. Résoudre un triangle connaissant un côté, la somme des deux autres et la surface.

6. Résoudre un triangle connaissant un côté, la surface et le rayon du cercle circonscrit.

7. Résoudre un triangle connaissant un côté a, la somme des deux autres côtés et la hauteur relative au côté a.

8. Résoudre un triangle connaissant la somme de deux côtés, la hauteur relative au troisième côté et le rayon du cercle circonscrit.

9. Résoudre un triangle connaissant les rayons des cercles exinscrits.

10. Résoudre un triangle connaissant un angle, le rayon du cercle circonscrit et la distance des centres des cercles circonscrit et inscrit.

11. Résoudre un triangle connaissant le côté a, la surface $\frac{1}{2}k^2$ et la différence $B - C = \alpha$.

12. Résoudre un triangle connaissant a, B et sachant que les bissectrices intérieure et extérieure de l'angle B sont égales.

13. Dans un triangle, $B = 30°$, on connaît le rapport $\frac{b}{c} = m$ et la distance d des pieds des bissectrices de l'angle A; résoudre ce triangle.

14. Dans un triangle, $A = 60°$ et on donne $\frac{b+c}{a} = m$; calculer $\sin B$ et $\sin C$. (*Baccalauréat.*)

15. Résoudre un triangle connaissant a, la médiane m correspondante et la différence $B - C = \alpha$.

16. Résoudre un triangle connaissant le produit $bc = k^2$, la bissectrice l issue de A et la différence $B - C = \alpha$.

17. Résoudre un triangle connaissant A, la hauteur correspondante et sachant que l'on a $2a = b + c$.

18. Résoudre un quadrilatère inscriptible connaissant les diagonales et deux côtés opposés.

19. Résoudre un quadrilatère inscriptible connaissant trois côtés consécutifs a, b, c et l'angle A formé par les deux premiers côtés.

20. Résoudre un quadrilatère inscriptible et circonscriptible connaissant les angles et le périmètre.

CHAPITRE III

APPLICATIONS RELATIVES AU LEVÉ DES PLANS

—

157. Les opérations que nécessite le levé des plans ou l'arpentage se ramènent à la mesure des angles ou des longueurs ; cette dernière mesure est en général plus pénible que la première et est moins précise ; aussi, si pour éviter des calculs on se contente de ces mesures d'angles et de longueurs dans les cas où une grande précision n'est pas indispensable, on préfère au contraire, dans des levés très précis, effectuer des mesures d'angles et autant que possible une seule mesure de longueur, que l'on fera avec grand soin.

Les autres longueurs sont alors calculées par une suite de résolutions de triangles ; nous supposerons d'abord que les angles puissent être évalués exactement et nous allons indiquer la solution des questions qui se présentent le plus souvent ; nous indiquerons ensuite quelles corrections il y a lieu de faire subir aux mesures d'angles.

158. Problème I. — *Calculer la distance d'un point accessible à un point inaccessible.*

Soient A le point accessible et B le point inaccessible séparé du premier par une rivière, par exemple. Choisissons à partir du point A une ligne droite en terrain plat et facile à jalonner; cette droite doit être choisie de façon que l'angle qu'elle fait avec AB ne soit pas très aigu, afin que l'erreur de mesure soit peu sensible; nous prendrons de même sur cette droite un point C tel que l'angle BCA ne soit pas très aigu; on mesure alors avec grand soin la longueur AC et les angles A et C; le côté c se calcule par la formule

$$c = \frac{b \sin C}{\sin B} = \frac{b \sin C}{\sin (A + C)}.$$

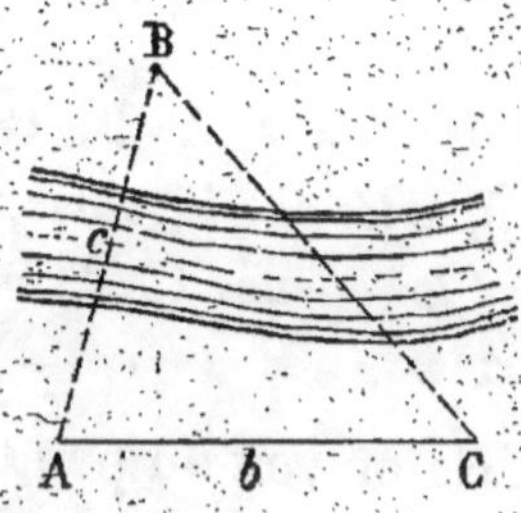

<table>
<tr><td>Fig. 53.</td><td>Fig. 54</td></tr>
</table>

159. Problème II. — *Calculer la distance de deux points inaccessibles.*

Soient deux points A et B séparés de l'observateur par un obstacle tel qu'une rivière; on commence par choisir une droite CD que l'on puisse facilement mesurer et telle que des points C et D on voie les points A et B, les angles des droites de visée avec CD n'étant pas très aigus.

On mesure CD; soit l sa longueur; on mesure les

angles ACD, ADC et on calcule le côté AC par la formule

$$AC = \frac{l \sin \beta}{\sin (\alpha + \beta)}.$$

On mesure de même les angles BCD et BDC et on calcule le côté CB par la formule

$$BC = \frac{l \sin \delta}{\sin (\gamma + \delta)}.$$

L'angle ACB peut être mesuré; il est égal à $\alpha - \gamma$ si la figure est plane, et on peut alors calculer le côté AB dans le triangle ABC, dont on connaît deux côtés et l'angle qu'ils comprennent.

160. Problème de la carte. — *Trois points A, B, C étant situés sur un terrain plan et rapportés sur la carte, déterminer le point P d'où on voit les longueurs CA, CB sous des angles qu'on a mesurés.*

Soient α et β les angles sous lesquels on voit du point P les droites AC, BC; ce point appartient au segment capable de l'angle α décrit sur AC et au segment capable de l'angle β décrit sur CB ; le point P sera ainsi déterminé par l'inter-

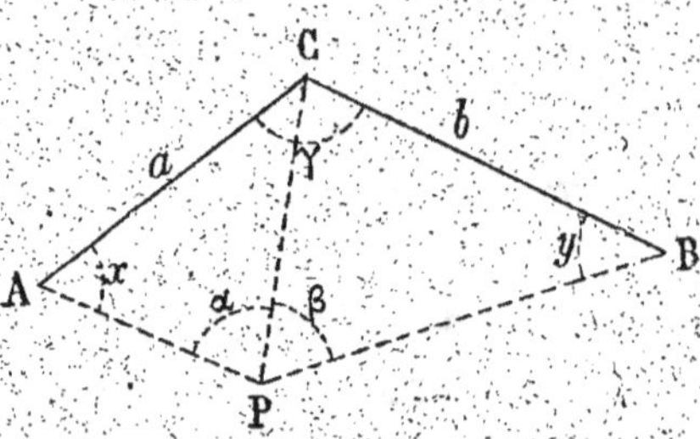

Fig. 55.

section de deux cercles, à moins toutefois que la somme $C + \alpha + \beta$ ne soit égale à deux droits ; le quadrilatère serait inscriptible et le point P indéterminé.

Ce procédé ne donne pas en général le point P avec une grande précision, et il est préférable de calculer les angles CAP, CBP et de déterminer le point P par l'intersection des droites BP, AP.

Soient a et b les longueurs connues AC et BC et γ l'angle connu ACB; dans les triangles ACP, BCP, on a, en désignant par x et y les angles A et B,

$$CP = \frac{a \sin x}{\sin \alpha} = \frac{b \sin y}{\sin \beta},$$

relation que l'on peut écrire

$$\frac{\sin x}{b \sin \alpha} = \frac{\sin y}{a \sin \beta} = \frac{\sin x + \sin y}{b \sin \alpha + a \sin \beta} = \frac{\sin x - \sin y}{b \sin \alpha - a \sin \beta},$$

ou

$$\frac{2 \sin \frac{x+y}{2} \cos \frac{x-y}{2}}{b \sin \alpha + a \sin \beta} = \frac{2 \sin \frac{x-y}{2} \cos \frac{x+y}{2}}{b \sin \alpha - a \sin \beta},$$

$$\frac{\operatorname{tg} \frac{x-y}{2}}{\operatorname{tg} \frac{x+y}{2}} = \frac{b \sin \alpha - a \sin \beta}{b \sin \alpha + a \sin \beta}.$$

D'autre part, la somme $x+y$ est connue

$$x + y = 360 - (\alpha + \beta + \gamma);$$

on peut donc calculer la différence $x - y$ par la formule

$$\operatorname{tg} \frac{x-y}{2} = - \operatorname{tg} \frac{\alpha + \beta + \gamma}{2} \cdot \frac{b \sin \alpha - a \sin \beta}{b \sin \alpha + a \sin \beta}.$$

Pour rendre cette formule calculable par logarithmes, écrivons

$$\operatorname{tg}\frac{x-y}{2} = -\operatorname{tg}\frac{\alpha+\beta+\gamma}{2} \cdot \frac{1-\dfrac{a\sin\beta}{b\sin\alpha}}{1+\dfrac{a\sin\beta}{b\sin\alpha}},$$

et posons

$$\operatorname{tg}\varphi = \frac{a\sin\beta}{b\sin\alpha};$$

on a alors

$$\operatorname{tg}\frac{x-y}{2} = -\operatorname{tg}\frac{\alpha+\beta+\gamma}{2} \cdot \frac{1-\operatorname{tg}\varphi}{1+\operatorname{tg}\varphi}$$

$$= -\operatorname{tg}\frac{\alpha+\beta+\gamma}{2}\operatorname{tg}(45°-\varphi).$$

REMARQUE. — Cette formule n'est plus applicable si $\operatorname{tg}\dfrac{\alpha+\beta+\gamma}{2}$ est infinie, c'est-à-dire si $\alpha+\beta+\gamma = 180°$; le quadrilatère est inscriptible; d'ailleurs dans ce cas, on a

$$\frac{a}{\sin\alpha} = \frac{b}{\sin\beta},$$

et l'angle φ déterminé précédemment serait égal à 45°; le terme $\operatorname{tg}(45°-\varphi)$ serait nul.

161. Réduction des angles aux centres des stations. — Dans les opérations géodésiques, on fait le relevé d'une grande étendue de pays, et il n'est pas toujours possible de choisir des stations où l'on puisse aisément installer les instruments dont on fait usage; les points de repère sont en général des clochers ou des sommets de montagne sur lesquels on a placé des mires; on peut ainsi apercevoir de très loin ces points de repère, et tracer sans faire trop d'opérations un canevas de la carte que l'on veut dresser.

A ce canevas, on rattachera les détails par des opérations portant sur de petites étendues de pays.

Lorsque l'on dresse ainsi le canevas général, il se présente une difficulté : il est impossible de placer les instruments de visées aux points de repère eux-mêmes ; c'est ainsi que l'on se placera auprès du clocher, et que les angles de visée ne seront pas exactement ceux qui auraient été mesurés si l'on avait pu mettre l'appareil au pied même du clocher ; il est donc nécessaire de corriger les lectures faites ; c'est le problème que nous allons traiter.

Soient C le point de repère choisi (*fig.* 56), O le point voisin où l'on place l'appareil, A et B deux points de repère ; on vise les points A et B du point O et on lit l'angle AOB ; nous nous proposons d'en déduire l'angle ACB. Désignons par α et β les angles très petits CAO et CBO ; dans les triangles AIC, BIO, les angles en I sont égaux ; leurs suppléments sont donc égaux :

$$\alpha + \text{ACI} = \beta + \text{BOI} ;$$

on en déduit

$$\widehat{\text{ACI}} = \widehat{\text{ACB}} = \widehat{\text{AOB}} + \beta - \alpha.$$

Fig. 56.

Il suffira, pour avoir l'angle ACB, d'ajouter à l'angle mesuré AOB la différence $\beta - \alpha$.

Calculons maintenant les angles α et β ; si nous désignons par d la distance OC et par a, b, c les côtés du triangle ABC, nous avons

$$\frac{\sin \alpha}{d} = \frac{\sin \widehat{\text{AOC}}}{b}, \qquad \frac{\sin \beta}{d} = \frac{\sin \widehat{\text{BOC}}}{a}.$$

ou

$$\sin \alpha = \frac{d \sin \widehat{AOC}}{b}, \qquad \sin \beta = \frac{d \sin \widehat{BOC}}{a}.$$

Les angles α et β sont toujours très petits et diffèrent très peu de leurs sinus (*) si on les exprime en longueurs d'arcs ; nous écrirons donc, avec une approximation suffisante,

$$\alpha_1 = \frac{d \sin \widehat{AOC}}{b}, \qquad \beta_1 = \frac{d \sin \widehat{BOC}}{a}.$$

Les angles α_1 et β_1 sont ici, comme leurs sinus, évalués en longueurs d'arcs ; comme, dans toutes les opérations sur le terrain, les angles sont évalués en degrés ou en grades, il faut effectuer cette réduction ; nous aurons, en introduisant les degrés,

$$\alpha_1 = \alpha \frac{\pi}{648\,000}, \qquad \beta_1 = \beta \frac{\pi}{648\,000}.$$

D'autre part, l'arc de $1''$ diffère très peu de son sinus et il est commode pour les calculs de logarithmes (**) de remplacer l'arc par son sinus ; on a ainsi

$$\alpha_1 = \alpha \sin 1'', \qquad \beta_1 = \beta \sin 1'',$$

$$\alpha = \frac{\alpha_1}{\sin 1''}, \qquad \beta = \frac{\beta_1}{\sin 1''},$$

ou enfin

$$\alpha = \frac{d \sin AOC}{b \sin 1''}, \qquad \beta = \frac{d \sin BOC}{a \sin 1''}.$$

______

(*) Nous admettrons cette propriété, qui est établie rigoureusement dans notre *Traité d'Algèbre* (classes de Mathématiques A et B.)

(**) On voit que $\log \dfrac{\pi}{648\,000}$ et $\log \sin 1''$ ont les cinq premières décimales communes ; il n'y a donc aucune différence entre ces nombres, quand on se sert de tables à cinq décimales.

et

$$\widehat{ACB} = \widehat{AOB} + \frac{d \sin \widehat{BOC}}{a \sin 1''} - \frac{d \sin \widehat{AOC}}{b \sin 1''}.$$

Les angles AOC, AOB, BOC sont mesurés directement; on mesure la distance d aussi exactement que possible; quant aux côtés a et b, il suffit de les connaitre d'une manière approchée; une petite erreur commise sur ces côtés sera négligeable, car, en multipliant les nombres a et b par $\sin 1''$, l'erreur correspondante sera multipliée par ce facteur très petit.

En général, un des côtés du triangle ABC a été mesuré ou calculé à l'aide d'opérations antérieures et deux des angles ont pu être mesurés approximativement en se plaçant dans le voisinage des sommets; on peut alors évaluer les côtés a et b d'une manière approchée très suffisante pour effectuer les réductions d'angles; on reprendra ensuite les calculs avec les nouveaux angles calculés et on connaitra exactement les côtés du triangle ABC.

Il est manifeste que dans une opération précise, il faut discuter toutes les erreurs qui résultent de ces calculs et l'on conçoit qu'un levé effectué ainsi soit une opération fort compliquée.

162. Triangulation. — Pour construire le canevas qui sert de base à la construction d'une carte, on choisit un certain nombre de points de repères, qu'on relie entre eux par des droites; on imagine ainsi que le pays ait été recouvert par un réseau de triangles; la connaissance des éléments de ces triangles suffit pour placer tous les points de repères sur une carte. En général, il est plus facile d'effectuer des mesures d'angles que des mesures de longueur:

aussi se contente-t-on d'effectuer une seule mesure de longueur.

On choisit sur un terrain plan deux points A et B dont on mesure très exactement la distance; c'est la partie délicate de l'opération; aussi est-elle faite avec le plus grand soin. On vise des points A et B un point C, on connaît alors dans le triangle ABC un côté et deux angles; on peut en calculer les éléments et on se sert ensuite des côtés AC et BC comme bases de nouveaux triangles dont on mesurera les angles et dont on calculera les côtés. Il est bon de terminer la triangulation par un côté que l'on puisse mesurer directement; comme on a, d'autre part,

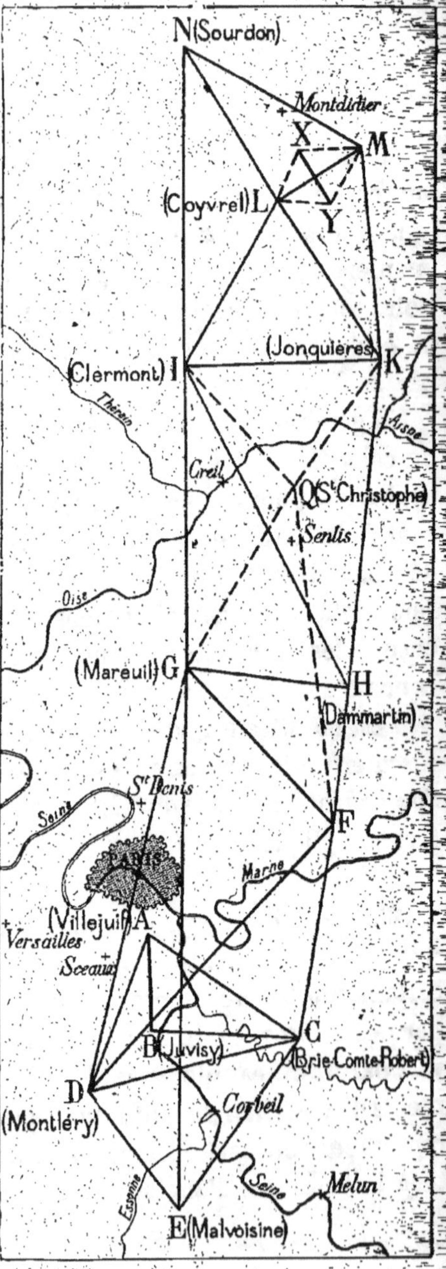

calculé ce côté, on a là une vérification des opérations effectuées.

Il ne faut pas oublier que les angles que l'on mesure doivent subir la correction dont il a été question au numéro précédent.

Pour donner un exemple de triangulation, nous indiquons ici l'ensemble des opérations effectuées en 1669-1670 par l'astronome Picard pour calculer la longueur d'un arc de méridien ; les stations extrêmes étaient Malvoisine et Amiens ; les stations intermédiaires étaient des repères naturels, tels que clochers, moulins, etc., ou des repères constitués par des échafaudages en bois lorsqu'il s'agissait d'opérer au milieu des bois.

Voici d'après Picard la liste des stations.

« A. Moulin de Villejuif. — B. Plus proche coin du pavillon de Juvisy. — C. Clocher de Brie-Comte-Robert. — D. Tour de Montlhéry. — E. Pavillon de Malvoisine. — F. Pièce de bois dressée au bout des ruines de la tour de Monjay. — G. Tertre de Mareuil. — H. Milieu du pavillon du château de Dammartin. — I. Clocher de Saint-Samson de Clermont. — K. Moulin de Jonquières. — L. Clocher de Coyvrel. — M. Un arbre sur la montagne de Boulogne, proche de Montdidier. — N. Clocher de Sourdon. — AB. Base mesurée. — XY. Seconde base mesurée à l'autre extrémité du réseau et devant servir de vérification. »

Enfin, les triangles ponctués servaient de vérification et l'on rattacha par d'autres triangles ce réseau à Amiens.

163. Mesure de la hauteur d'une tour. — Supposons que l'on veuille mesurer la hauteur d'une tour AB (*fig.* 58), et que l'on puisse tracer une droite horizontale AC partant

Fig. 58.

du point A ; on mesure la distance AC ou, si on ne peut la mesurer, on la calcule comme on l'a montré dans la triangulation ; on mesure ensuite l'angle BC'A' avec un graphomètre placé verticalement, ou mieux avec un théodolite ; la hauteur est alors donnée par la formule

$$AB = A'B + AA' = A'C' \operatorname{tg} \widehat{B'C'A'} + AA',$$

AA' étant la hauteur du pied qui supporte l'appareil de visée.

164. **Mesure de la hauteur d'une montagne.** — On trace dans la plaine une droite BC que l'on puisse jalonner et mesurer exactement (*fig.* 59) ; se plaçant successivement en B et C, on vise le sommet de la montagne, en ayant soin que l'alidade fixe du graphomètre soit parallèle à la droite BC ; on connaît ainsi les angles B et C et le côté BC du triangle : on en déduit par le calcul le côté AB.

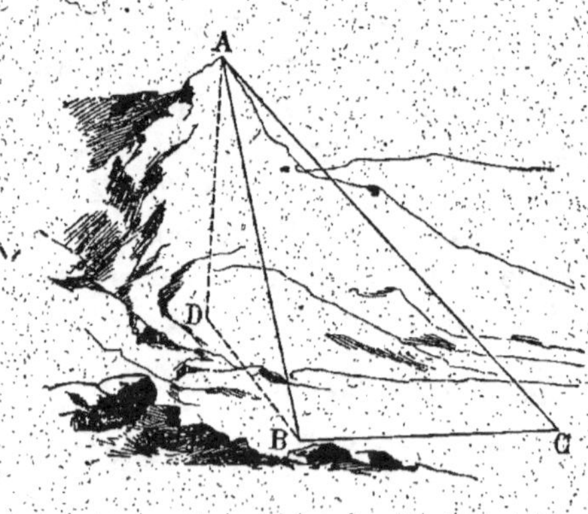

Fig. 59

Du point B, on vise de nouveau le sommet A, et on mesure l'angle de AB avec le plan horizontal, ou, ce qui revient au même, avec sa projection horizontale BD ; le triangle rectangle ABD, dont le côté AD est la hauteur de la montagne, est entièrement déterminé, et on a

$$AD = AB \sin \widehat{ABD}.$$

EXERCICES

1. Du pied d'une tour, on trace une horizontale sur laquelle on marque deux points A et B ; on connaît la longueur AB et les angles α et β d'où on voit la tour des points A et B. Calculer la hauteur de la tour.

APPLICATION : $AB = 35^m,46$, $\alpha = 60^\circ 18' 15''$, $\beta = 42^\circ 12' 8''$.

2. Mesurer la hauteur d'une tour dont le pied inaccessible n'est pas dans un plan horizontal.

3. Une tour est surmontée d'une flèche ; on voit, d'un point A situé dans le plan horizontal du pied de la tour, la tour sous l'angle α et la flèche sous l'angle β ; quelle est la hauteur de la flèche ?

4. Deux points A et B dont la distance est d sont sur le plan horizontal P et un point C est extérieur à ce plan. On mesure les angles $BAC = \alpha$, $ABC = \beta$, ainsi que l'angle γ que fait AC avec le plan P. Calculer la distance du point C au plan P.

(Baccalauréat.)

5. Deux observateurs voient un ballon sous le même angle α au-dessus de l'horizon ; leur distance est d et l'un des observateurs voit sous l'angle β la distance de l'autre observateur au ballon. Calculer la hauteur du ballon.

(Baccalauréat.)

6. On connaît la distance $BC = 1124^m,6$ de deux points inaccessibles et les angles des rayons visuels menés dans un même plan

9.

des extrémités d'une droite AD :   BAD = 115°48';   CAD = 37°17';
BDA = 40°8';   ADC = 133°23'.   Calculer la longueur de la droite
AD et la surface du quadrilatère ABCD.

(École forestière.)

7. Après avoir trouvé 4° pour la hauteur angulaire d'une tour,
un observateur s'avance d'un kilomètre vers la tour ; il trouve alors
5° pour la hauteur angulaire. Quelle est la longueur qu'il lui reste
à parcourir pour arriver au pied de la tour.

(École forestière.)

8. Une tour est bâtie au pied d'un coteau. On mesure sur le coteau
une base AB, dont le prolongement passe par le pied de la tour, et
les distances angulaires α et β du sommet de la tour au-dessus de
l'horizon des points A et B ; de plus, la dépression du pied de la
tour au-dessous de l'horizon, [mesurée d'un point C de la base AB,
est γ. Calculer la hauteur de la tour.   AB = 10^{m}, α = 37°12'41",
β = 60°8'14"   et γ = 72°56'18".

(Concours académique.)

9. Calculer la hauteur d'un ballon connaissant les trois angles des
rayons visuels avec le plan horizontal, lorsqu'on vise le ballon de
trois stations formant un triangle dont on donne les côtés. Cas particuliers : 1° les stations forment un triangle équilatéral ; 2° les stations sont en ligne droite.

(Concours général.)

PROBLÈMES DE TRIGONOMÉTRIE

1. On donne deux droites concourantes et un point P situé dans
le plan ou hors du plan ; trouver sur l'une des droites un point équi-
distant du point P et de l'autre droite.

(Concours académique.)

2. Résoudre un triangle connaissant a, la hauteur h correspon-
dante et le produit $\operatorname{tg} \dfrac{B}{2} \cdot \operatorname{tg} \dfrac{C}{2} = k$.

(Concours académique.)

3. Résoudre un triangle connaissant les côtés b et c et sachant que le côté a est égal à la hauteur correspondante.

4. Résoudre un triangle connaissant a, A et le produit $b(b+c) = k^2$.

(Saint-Cyr.)

5. Étant donné un angle droit XOY, sur OX deux points A et B, trouver sur OY un point M tel que la droite MA soit bissectrice de l'angle OMB.

(Baccalauréat.)

6. Étant donnés deux points fixes A et B sur un cercle, trouver sur le cercle un point M tel que la somme des cordes MA et MB soit une longueur l.

7. Résoudre un triangle connaissant a, A et sachant que l'on a $b - c + h = m$, h étant la hauteur issue de A.

(FERMAT.)

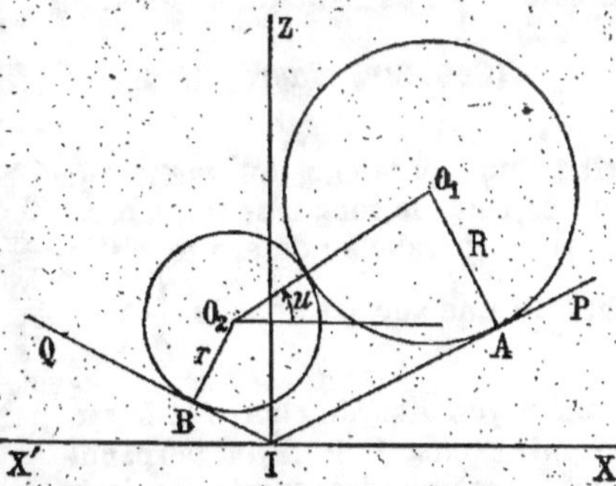

8. Dans un quadrilatère BCDE, on connaît a, b, c, les angles B et C et l'angle A formé par les côtés BE, CD prolongés :

1° Calculer d ; 2° Trouver la condition pour que les rectangles circonscrits à ce quadrilatère soient semblables.

(Concours académique.)

9. Deux sphères S et S_1, tangentes entre elles, sont tangentes en A et B aux faces d'un dièdre QIP ; les centres O_1 et O_2 sont dans un plan perpendiculaire à l'arête du dièdre ; ce plan est pris pour plan de figure. Soit u l'angle de la droite O_2O_1 avec la direction de la projection de IA sur la perpendiculaire X'X à la bissectrice IZ de l'angle BIA, soient R et r les rayons des sphères et α l'angle des droites IA et IB avec IX et IX'.

Calculer en fonction de u les longueurs $IA = x$, $IB = y$ et les distances z de O_1 à IQ, et t de O_2 à IP.

(Baccalauréat.)

10. Soit un cube dont deux faces parallèles sont ABCD, A'B'C'D'; on considère le plan P passant par la diagonale AD' de la face ADA'D' et faisant un angle de 30° avec le plan de cette face.

1° Calculer le rapport des volumes des deux corps déterminés par ce plan.

2° Déterminer la tangente de l'angle x que doit faire avec le plan ADA'D' un plan Q passant par AD' pour que le rapport des volumes des corps déterminés par ce plan soit $\dfrac{m}{n}$.

(Concours général.)

11. Dans un quadrilatère dont deux angles opposés sont droits, on donne un des autres angles et les côtés qui le comprennent; trouver les deux autres côtés et les diagonales.

(Concours général.)

12. Démontrer que dans un parallélépipède circonscrit à une sphère, chacune des trois arêtes est proportionnelle au sinus de l'angle des deux autres.

(Concours général.)

13. On donne un cercle et le carré circonscrit; trouver une relation entre les tangentes des angles sous lesquels on voit les deux diagonales d'un point de la circonférence du cercle.

(Concours général.)

14 Résoudre un triangle connaissant le côté a, l'angle B et la différence $b - h = l$ entre le côté b et la hauteur h issue du sommet A.

(Concours d'agrégation.)

15. Par le pied de la directrice d'une parabole, on mène une droite faisant l'angle α avec l'axe; calculer la longueur de la corde MM' interceptée sur cette sécante par la parabole; déterminer l'angle α de façon que le triangle FMM' ait une surface donnée $\dfrac{4}{2} k^3$.

16. On mène dans une ellipse un rayon issu du centre et faisant l'angle φ avec le grand axe; on mène ensuite le rayon perpendiculaire au premier; montrer que la somme des carrés de leurs inverses est constante, et déterminer l'angle φ de façon que l'aire du rectangle construit sur ces rayons soit égale à $\dfrac{4}{2} k^3$.

17. Inscrire dans un secteur circulaire un rectangle de surface maximum, un côté du rectangle étant dirigé suivant un rayon du secteur.

(Saint-Cyr.)

18. Deux cercles égaux sont tangents en A ; par le point A, on mène deux cordes AB, AC qui font entre elles un angle α ; étudier les variations de l'aire du triangle ABC.

19. On considère un cercle et un point A dans son plan ; étudier la variation de l'angle sous lequel on voit un diamètre du cercle du point A, quand ce diamètre varie.

20. On donne un cercle et un point fixe dans son plan, on mène par ce point deux droites faisant entre elles un angle donné. Étudier la variation du produit des longueurs des cordes interceptées.

(Concours général.)

21. Calculer la longueur du rayon vecteur d'une parabole issu du foyer, connaissant l'angle que fait ce rayon avec l'axe.

22. Étant donné un point A sur l'axe d'une parabole, trouver sur la courbe un point M, tel que l'angle AMF soit droit.

23. Dans un triangle rectangle en A, on donne le côté AB et la longueur l de la perpendiculaire abaissée de B sur une droite cP qui divise l'angle c en deux parties dont les sinus sont dans le rapport $\dfrac{m}{n}$; calculer $\cos c$.

(École Militaire de Belgique.)

24. On donne deux circonférences de rayons R et R' et dont la corde commune AD a une longueur d. Une corde passant par A coupe les circonférences en B et C ; on donne la longueur $BC = a$.
1° Résoudre le triangle ABC.
2° Résoudre ce triangle en supposant que BC ait la plus grande longueur possible.

(École Centrale.)

25. Dans un trapèze ABCD, on donne les bases $DA = d$, $BC = b$, le côté $AB = a$ et la surface S.
1° Calculer les angles et le côté CD.
2° Examiner le cas particulier où $S = \dfrac{d+b}{2}\sqrt{a^2 - (d-b)^2}$.

(École Centrale.)

TABLE DES MATIÈRES

PREMIÈRE PARTIE

LIVRE I

LIVRE II

DEUXIÈME PARTIE

LIVRE I

CHARTRES. — IMPRIMERIE DURAND, RUE FULBERT (8-1926)